TOYOTA WARS

トヨタウォーズ

中日新聞社経済部 編

中日新聞社

【上】スーパー耐久５時間レースで激しい雨の中疾走するＧＲヤリス。ハンドルを握るのはモリゾウ選手(トヨタ自動車の豊田章男社長のレース名)＝2021年３月21日、栃木県茂木町のツインリンクもてぎで

【左】レースを走り終えた後のモリゾウ選手(ヘルメット姿)を囲む、ルーキーレーシングのチームメートのレーサー佐々木雅弘選手(右端)や片岡龍也監督(右から二人目)、チーフ・オヤジ・オフィサーの北川文雄さん。レースで感じたこと全てを言語化し、よりよい車造りに生かす＝2020年12月13日、大分県日田市のオートポリスで

【右】マツダの丸本明社長と記念撮影に応じるモリゾウ選手。「トヨタイムズチーム」としてメディア対抗ロードスター４時間耐久レースに出走し、トヨタの社長がマツダのロードスターのハンドルを握って、ファンを沸かせた＝2019年9月7日、茨城県下妻市の筑波サーキットで

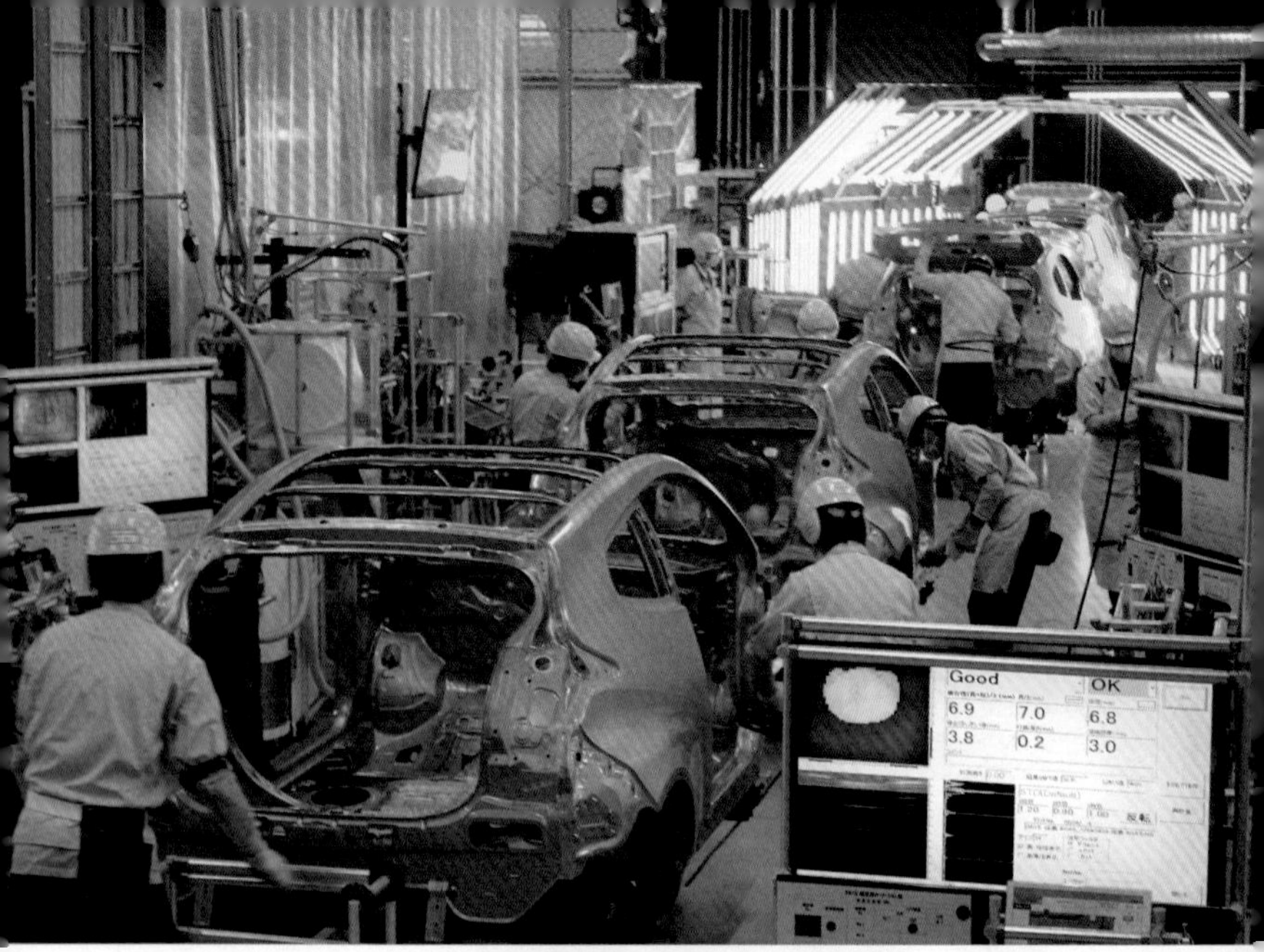

【上】トヨタの各工場から集まってきたすご腕の匠(たくみ)たちが、丁寧に組み立てるＧＲヤリス。高級スポーツカーの生産をお手本に、既存の生産ラインとは全く違う方式で造る「ＧＲファクトリー」を立ち上げた

【右】ＧＲヤリスではあえて熟練工が手作業で行うことによって、より剛性の高いボディーを作り上げることができる

【左】ＧＲヤリスのラインオフ式で記念のだるまにサインをする豊田章男社長。レース場が開発現場というトヨタにとって新しい手法を用いて造り上げた。社長自らが試作車のハンドルを何度も握り、レース場で壊して鍛えるという徹底ぶりで、チームを率いた＝いずれも2020年7月20日、愛知県豊田市の元町工場内の「ＧＲファクトリー」で

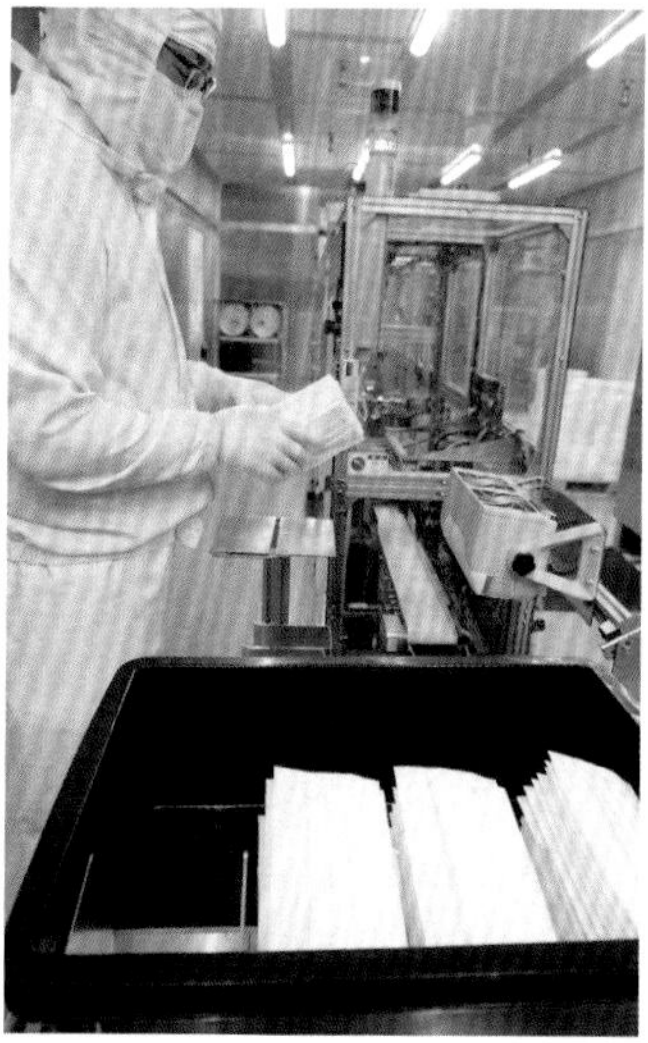

【左】本来はものづくり技術を開発するスペースをクリーンルーム化したデンソーのマスク生産ライン。市場でマスクが品薄だった2020年4月以降、国内外のグループ全体の必要数をまかなうために、最大で一日10万枚を生産した＝2020年7月3日、愛知県刈谷市のデンソー本社で

【下】トヨタ流のカイゼン（改善）のノウハウを導入した医療用防護ガウンの生産ライン。女性従業員らが秒単位の作業効率を意識しながら作業に励む＝2020年6月16日、愛知県知多市の宝和化学知多工場で

【上】工場の一角に急きょ設置したフェースシールドの生産ライン。カイゼンを重ねて、使いやすいものに仕立て上げた＝2020年6月8日、愛知県豊田市の貞宝工場で

【右】元町工場内に飾られた河合満執行役員（“おやじ”）からの激励メッセージ入りフェースシールド

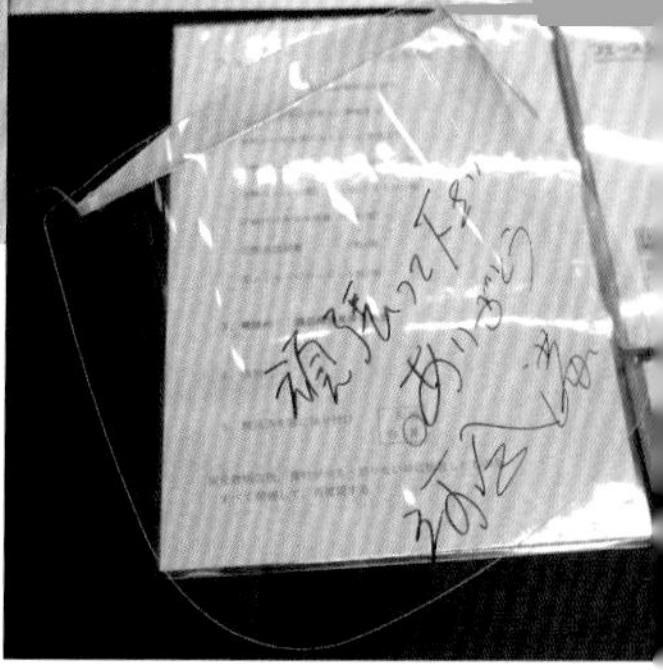

【右】生産ラインが止まった工場で、東北の工場へ引き渡しをする工具を最後まできれいに磨き上げる社員ら。黙々と手を動かしていた

【下】53年の歴史に幕を下ろした東富士工場の閉所式で、記念撮影をする社員ら。コロナ禍のため人数を分けて閉所式を行い、幹部もその都度挨拶した。豊田章男社長のビデオメッセージも流れ、社員の目には涙が光った＝いずれも2020年12月7日、静岡県裾野市の東富士工場で

【上】東富士工場跡地に建設予定の実証都市「ウーブン・シティ」の着工式で、くわ入れの儀式をする豊田章男社長(左)、ジェームス・カフナー取締役(真ん中)、トヨタ東日本の宮内一公社長。コロナ禍での式典は、最少人数で厳かに行われた＝2021年2月23日、静岡県裾野市で

TOYOTA WARS
トヨタウォーズ

まえがき

トヨタ自動車は八十年を超える歩みの中で、一体いくつの危機に遭い、乗り越えてきたのだろう。二千人余の人員整理を余儀なくされた戦後すぐの労働争議、赤字に転落したリーマン・ショック、米国での大規模リコール、東日本大震災、そしてコロナ禍。

どれほど頑丈に造られた建築物も、時間と風雨の浸食にはあらがえない。たとえ建物本体が残っても使いにくく、住めない代物になってしまう恐れもある。しかし、時代や環境の変化に合わせて改築や改修ができるなら、それは持続する。

本書が紹介する豊田章男社長の言葉に、二十年に一回のサイクルで発売してきたトヨタのスポーツカーづくりを、同じく二十年に一度営まれる伊勢神宮の式年遷宮に例えた部分がある。伝統の技を確かめ、発揮する機会。一方、そこには技術者たちが磨き上げた最新の技術も盛り込まれる。絶対に守り続ける「トヨタの味」を確認し、同時に変えなくてはいけないものを刷新していく。ここにトヨタの強さのヒントがある。

近年、社会と経済は世界的な規模で、三つの荒波にもまれている。デジタル化と感染症対策、そして地球環境を守るための脱炭素の取り組み。それぞれが、これまでの産業のあり方を変えてしまう大きなパワーを持つ。この時代の岐路にあって、国内で七万四千人、全世界で三十六万人の従業員を擁するトヨタは、何とどのように戦っているのか。そのありようをリアルに描きたい。

本書は、二〇一九年十月から二一年六月にかけて中日新聞経済面を中心に計六十二回にわたって連載した「トヨタウォーズ」をベースにしている。トヨタ自動車担当の責任者として取材班をまとめた長田弘己キャップ（当時）の下、記者たちが各地の工場や社員が派遣された協力会社、米シリコンバレーなど国内外のさまざまなトヨタの戦いの最前線で、そこにいる人々の奮闘と思いを追いかけた。

その結果、記者たちは厳しい経営環境の中でも好業績の決算をたたき出すトヨタ自動車の盤石のイメージからはかけ離れた光景を目撃する。それぞれの仕事場で強い危機感を抱き、より良く変えよう、自分自身が変わろうと汗を流す現場の人たち。それは昭和初期に織機メーカーの新規事業から出発した自動車の製造が、世界トップ級の巨大企業にまで成長してなお自問を続け、変わることをあきらめないトヨタの生々しい舞台裏だ。

「変わろうとする職場の雰囲気にマイナスの影響を与える幹部がいる」

「どんな先端技術が車に搭載されようが、安全性や生産性、原価は、最前線の現場のつくり込みで決まる」

「言われたこと以外はやらない、議論もなしに仕事をする。ものづくりをそんな世界にしては駄目だ」

「ハイテク技術を使いこなせる最強のアナログ人間になろうや」

この本には、トヨタのさまざまな現場で発せられた肉声が登場する。形ではなく中身で真剣勝負する人々の言葉は厳しく、時に温かい。「正解のない時代になった」と言われるが、これから未来を切り拓く人たちの発想と活力の種になればと願っている。

二〇二一年九月

中日新聞社　経済部長　福田　要

目次

第7部　究極の目標に向かって

第8部 「プロボノ」で意識改革

第9部 エンジニアたちの挑戦

本書に登場する人の肩書、年齢、経歴、企業データなどは新聞掲載時点、敬称は略しました。

TOYOTA WARS

第1部

未知なる戦い

トヨタ自動車は今、未知なる戦い、地域や業種を超えた「ウォーズ（戦い）」に突入している。絶え間ない技術革新や販売体制、社内組織の改革。そしてライバルや異業種との競争と協調。売上高三十兆円を誇る世界屈指の巨人を駆り立てるものは何か。自らを語り始めたトヨタの姿から、危機感の根源に迫る。

第1部

1 異業連携へ発信「トヨタイムズ」

一周二千四十五メートル、日中の路面温度が五五度を超した灼熱《しゃくねつ》のサーキットで、一人の男が両手を突き上げた。ピットは、メンバーらの拍手に包まれている。

チームのマシンが最終盤の劇的な追い上げで二位に入った直後のことだった。エンジンの爆音の余韻が残る中、男が声を張った。「こんなドラマないね」

声の主は、トヨタ自動車社長の豊田章男(63)。二〇一九年九月七日、茨城県下妻市の筑波サーキットで開催された四時間耐久レースでの一幕だ。豊田も、自社チーム四人のドライバーの一人「モリゾウ」としてハンドルを握った。

根っからのレース好き、トヨタのマスタードライバーの称号も持つ豊田のこんな姿はもうおなじみでもある。だが、この日のレースでは、これまでとは違う光景があった。

両手を突き上げた豊田の横、休憩中にファンのサインに応じる豊田の後ろ。そんな各場面に、つかず離れず、一人の男がたたずんでいるのだ。片手には、親指と人さし指でつまめるほどの小さな黒い箱を持っている。

トヨタの秘密を握る、男の正体に迫った。

◇

―その黒いのって、小型カメラですよね？

「ええ。いつも持ち歩いています」

―社長を撮っている？

「はい。あとは周りの人とか。普通の大きさのカメラやスマホを向けていると、『あ、撮られてるな』と構えられてしまうので」

男の正体はトヨタ総務・人事本部の社員（45）だった。「トヨタイムズ副編集長」の肩書を持つ。

トヨタイムズ。それは、トヨタがこの年の一月からスタートさせた自社製作のネットメディアだ。編集長役は俳優の香川照之。時に社内の開発現場に立ち入り、「果たして、それが意味があることなのか？」などと挑発的な質問もするが、実のところ、専用サイトで公開する動画の多くを作成しているのはこの副編集長だ。

社長を社員が撮り、ネットで流す。しかも、その内容は入社式などの公式行事にとどまらない。三月には、新聞やテレビが立ち入れない春闘の

サーキットを疾走するトヨタイムズチームのマシン。トヨタがマツダの招きにメディアとして参加した異例のレースだった＝茨城県下妻市の筑波サーキットで

トロフィーを手に笑顔の豊田章男社長(中)

労使交渉で「こんなにかみ合ってないのか」と組合との意識の差に苦悩する豊田の姿を公開。一方、社内の売店に出かけ、アイスを買う様子を追い掛けるなど、硬軟さまざまな動画や文章を盛り込む。更新も週一回以上のハイペースだ。

なぜ今、そこまで「トヨタ」をさらすのか？

「自分の城は自分で守れ」という経営哲学を貫き、自主独立性を重んじてきたトヨタ。愛知県三河の地で育ち、外部と距離を置く「三河モンロー主義」と呼ばれる社風の下、黙々とモノづくりに徹し、派手な自己PRとは距離を置いてきたはずだった。

副編集長が豊田の思いを代弁する。「もう、一社だけでは前に進んでいけない。そのためには、相手にトヨタのことを知ってもらわないと」。車の電動化、自動運転技術の進歩などで、業界は今、大変革期にある。通信技術や人工知能（AI）の活用が欠かせず、異業種の進出も盛んだ。

そんな中、いかに巨大なトヨタといえど、単独であらゆる変化に立ち向かうのは難しい。近年ではマツダやスズキと資本提携に踏み切り、ITではソフトバンクと手を握った。今後も続く「仲間づくり」を後押しするのが、豊田のキャラクターを生かしたトヨタイムズの発信力というわけだ。

実は、この日のレースの実質的な主催はマツダ。「メディア対抗」と題され、参戦したのも車雑誌やネット媒体などのチームだった。他社のイベントで豊田がハンドルを握るのも新鮮なら、「トヨタイムズチーム」としてメディア側に入り交じるのも異例だった。

「Be《ビー》 a《ア》 driver《ドライバー》」。小型カメラが回る横で、マツダの企業コピーをご機嫌に繰り返した豊田。

ただ、トヨタイムズの狙いは、こうした外向けの発信力のほかに「もう一つある」と副編集長は言う。

豊田は語っていた。トヨタイムズを始める直前の一八年末のことだ。「社員と意思疎通できず、立っていられないな、つらいな、と思うこともあった」と。

自動運転、シェア…変わる業界

世界の自動車業界は2018年現在、年間1000万台以上を販売する3社・グループが首位を争っている。18年の世界販売首位は独フォルクスワーゲン（VW）で1083万台。2位は仏ルノー・日産自動車・三菱自動車の3社連合で1075万台、3位にトヨタ自動車（ダイハツ工業、日野自動車含む）の1059万台が続いた。

4位以下は米ゼネラル・モーターズ（GM）、韓国の現代自動車グループ、米フォード・モーター、ホンダの順。これに続く欧米フィアット・クライスラー・オートモービルズ（FCA）が19年5月にルノーに統合を提案する（後に撤回）など、今後の業界再編が注目される。

※トヨタのグループ全体の20年の世界販売は952万台で5年ぶりに年間首位に返り咲いた。

一方、近年は電動化や自動運転などの新技術・サービスが台頭し、異業種との協業も進む。自動運転分野では、米IT大手グーグル系のウェイモが無人タクシーの実用化に向けルノーや日産などと提携。トヨタは米配車サービス大手ウーバー・テクノロジーズ、東南アジアの同業グラブに出資するほか、ソフトバンクと移動サービスの新会社「モネ・テクノロジーズ」を設立し、ホンダも参画した。

2　首脳陣の危機感　血判状に誓う

鈍く光る針先で、親指の腹を突いた。わずかな時をおいて、赤い血がにじみだす。集まった七人の男たちは、一枚の白い紙に、その指を押し当てていった。

二〇一八年二月、静岡県湖西市の豊田佐吉記念館。トヨタ自動車グループの祖の佐吉、トヨタ創業者の息子喜一郎が暮らした地だ。母屋の仏壇の前で、佐吉から四代目となる社長の豊田章男（63）と六人の副社長は、血判状の誓いを交わした。「我々は、日本、延《ひ》いては世界経済・社会の発展のためトヨタグループを新たに創造すべく、豊田章男とともに、身命を呈してあらゆる努力を尽くすことを誓う」

世界二十八カ国・地域に拠点を持ち、年一千万台以上の自動車を生産するトヨタ。足元では毎年二兆円もの利益をたたき出すグローバル企業が、なぜここまで時代がかった振る舞いで首脳陣の覚悟を確かめ合うのか。

答えの一つは、強い危機感だ。それは、トヨタがネットなどで発信する自社メディア「トヨタイムズ」を始めた理由とも重なる。

「社員と意思疎通ができず、立っていられないと思うこともあった」。トップに立つ孤独感をそうつぶやいていた豊田。業界の激変期、トヨタイムズを通して社内に訴えたかった危機意識を理解するのが、六人の副社長というわけだ。豊田は自身を含めた首脳陣を、黒沢明監督の名作にちなんで「七人の侍」と呼ぶ。実際、副社長らはそれぞれの最前線で、好業績とは裏腹の地道な戦いを続けている。

寺師茂樹（64）は、車の電動化や自動運転など、トヨタの先端技術開発の指揮を執る。ただ、国内では他を圧倒する年一兆円もの研究開発費は、同じく自動運転分野に参入する米グーグル親会社と比べれば半分にすぎない。

海外ではITを駆使した車のライドシェア（相乗り）が広がり、車の個人所有を前提とした事業モデルが崩壊する可能性が高まっている。豊田の課長時代に部下としてITも担当した友山茂樹（61）は、海外の配車事業大手の動向を見極め、時には提携へと奔走する。

「従来通りやればいいという無風の時代ではない。戦うために必要な顔ぶれだ」。かつて豊田の上司を務め、いったんグループのデンソーに出た異色の経歴を持つ小林耕士（70）はそう語る。七人の調整役を自任する番頭だ。

車づくりを熟知し、「ベターベター」を合言葉に技術革新と原価低減にいそしむのは吉田守孝（62）。世界の販売現場を飛び回る仏ルノー出身のディディエ・ルロワ（61）は「血判状の日はファンタスティックだった。われわれは一丸だ」と強調する。

そんな侍たちが胸に刻むのは、豊田が語る「トヨタは大丈夫だと思うことが一番危険だ」という言葉だ。かつて王者として君臨していた米ゼネラル・モーターズ（GM）は、革新を怠らない日本勢との競争に敗れたことも一因に、その座を降りた。

「だが、その意識は社内に浸透しきっていない。大きな会社になった分、戸惑っているのか」。トヨタ一筋五十六年、ほとんどが手作業だった生産現場から副社長に上り詰めた河合満（71）は、あの日の血判状を縮小コピーし、常に名刺入れにしのばせる。日々感じるのは、トップの危機感を現場と分かち合うことの難しさだという。

国内七万人、全世界で三十七万人にもなる従業員たち。その胸の内を聞いてみたい。そんな思いから、豊田がある工場を突然訪れたのは、一九年八月下旬のことだった。

豊田佐吉記念館で血判状を交わした社長の豊田章男（中央）ら「七人の侍」。左から友山茂樹、河合満、ディディエ・ルロワ、小林耕士、寺師茂樹、吉田守孝の各副社長＝画像はコラージュ

逆風克服「大番頭」あり

トヨタ自動車が、これまでさまざまな危機を乗り越えてこられたのは、豊田家出身の経営者を支えた「大番頭」の貢献が大きい。

戦後の経営危機で人員整理を断行し、社長を辞任した創業者の豊田喜一郎から後を託されたのが、当時豊田自動織機製作所社長で、後に「中興の祖」と呼ばれる石田退三（1888～1979年）。朝鮮特需で業績を1年で回復させ、元町工場建設を決めるなど、積極的な再建策を進めた。

石田の薫陶を受け、副社長、会長を務めた花井正八《まさや》（12～95年）は「トヨタ銀行」とまで呼ばれる強力な財務体質の基礎を築いた。購買、経理部門で経費を徹底管理し「金庫番」「合理化の鬼」の異名を取った。創業家出身で社長だった豊田英二の片腕として、トヨタ自動車工業とトヨタ自動車販売の「工販合併」など重要な経営戦略でけん引役を果たした。

岩崎正視（25～2019年）は、経理部長だった73年に第1次石油危機を経験し、バブル崩壊後の90年代前半には副社長として収益確保の最前線に立った。副会長時代は日本自動車工業会（自工会）の会長を務め、日米自動車貿易協議で業界のまとめ役を担った。

3 向き合えた労使　変化の兆し

二〇一九年八月末、漆黒の高級ミニバン「ヴェルファイア」が工場の建物に横付けされた。降り立ったのは、トヨタ自動車社長の豊田章男（63）。高級車ブランド「レクサス」などを手掛ける渥美半島の田原工場（愛知県田原市）を七年ぶりに訪れた。

午前中の衣浦工場（同県碧南市）に続く〝はしご〟の視察で、到着はちょうど、お昼時。食堂で従業員に評判だというラーメンを注文すると、事務、技術系の若手の輪に加わった。

「田原でレースのイベントを企画するので一緒に走ってください」。恐る恐る提案してきた若手に、「やるよ！」と乗り良く応じた。そして、自身のドライバー名「モリゾウ」のキャラクターをあしらったシールを配って回る。

トップの気さくな振る舞いは、若手に「意外な一面」として映った。

その半年前の春闘。自社のネットメディア「トヨタイムズ」が伝えた豊田は、目をつり上げ、失望と怒りを全身で表した。

「こんなにも距離感を感じたことはない」―。社員の危機意識に不満を示し、冬の一時金（ボーナス）の回答を保留。異例の継続協議とした。

「僕らにだって危機感はある。だからといって…」。社長の訪問から約一カ月後、現地を訪れると、田原工場の若手が本紙の取材に本音を打ち明けた。

「みんな自分の世界（担当）で一生懸命やっている。残業もして。危機感が足りないと言われると、そこのギャップに苦しむ」

「確かに、自動運転で業界の勢力図が変わってしまうかもしれない。ただ、それと今の仕事をどうつなげて考えればいいのか…」

現場の戸惑いを察知し、トップの危機感を社員にかみ砕いて伝えてきたのは、現場たたき上げの副社長、河合満（71）だ。「トヨタ生産方式に原価低減。自分の持ち場で力をつけること。それだよ」。春闘の後、現場に足を延ばす機会が、これまで以上に増えた。

田原工場長の伊村隆博（61）も続く。「先進分野の投資で先行するIT勢に追いつくために投資をすれば、今の収益は吹き飛んでしまうよ」。部下に説いて回っている。

少しずつではあるが、田原工場の若手らも仕事のやり方を変え始めた。事務や会議の無駄を洗い出し、組織の風通しを良くしようと職場を都会のオフィス風に改装する提案もした。

現場の部長は工場の掲示板に手書きの紙を張った。業界の歴史を一目で分かるように年表にし、最近の動きとして、電動化や自動化を表す造語の「CASE」（ケース）、交通をITでつなぐ「MaaS」（マース）を書き加えた。専門外だが、工場の部下のために調べた自分なりの解釈。赤字で「変化を起こせ！」と意識改革を促した。

そんな中で迎えた、冬のボーナスに関する十月上旬の労使協議会。組合側は、成果を強調する従来の主張ではなく「まだまだ意識が変わっていないメンバーもいる」と将来への苦悩を率直に経営陣にぶつけた。

「これまでよりも労使がお互いに正面から向き合えた」。工場視察でも変化の兆しを感じ取っていた豊田は、満額支給を決めた。顔つきは半年前と同様に険しかったが、瞳が潤んでいた。

「いま一度、トヨタらしさを取り戻すため、人事制度や人材育成を見直していく」。交渉後、議長役を務めた河合は、宣言した。

トヨタらしさとは？　一人一人がその問いと、向き合い始めた。

4　本音の議論しよう　鍵は中間管理職

人事部門のナンバー2としてトヨタ自動車の風土改革の先頭に立つ桑田正規（49）は、多忙を極める業務の合間を縫い、課長クラスとの面談を重ねている。

一度に十人。年明けから始めて、その数は五百人に迫ろうとしている。

たとえ一円でも愚直に経費削減に工夫を凝らす―。こんな「トヨタらしさ」の再構築を託された桑田は、社内に染み付いた「事なかれ主義」こそ、真っ先につぶすべき課題だと考えている。その象徴が自分の殻に閉じこもって部下に関心を示さず、組合からも「周りにマイナスの影響を与える人がいる」と注文が付いた中間管理職の存在だ。

「自分の専門業務ばかりで周りが見えていなかった…」。面談で向き合う七～八割の表情からは、変わろうと悩む胸の内が伝わってくる。だが、「何を変える必要があるのか」と開き直ったり、目をそらして黙り込んだりする社員もいる。桑田の率直な手応えは「まだら模様」だ。

桑田の上司で「いま一度、トヨタらしさを取り戻す」と宣言した副社長の河合満（71）は、改革の進捗《しんちょく》を探るため、ある制度のデータをつぶさに観察している。

トヨタが創業以来、大切に守ってきた「創意くふう提案」。職場で気付いた無駄や仕事のやりにくさと、その解決策を上司に提案する制度で、トヨタの「カイゼン」を支えてきた。

しかし、近年は月単位の参加人数が落ち込み、特に低い事務、技術系の職場は一割を切っていた。それが七割を上回ったのは、社長の豊田章男（63）が「生きるか死ぬかの状況が分かっていないのではないか」と一喝した二〇一九年の春闘の後。例えば、記者会見の中継器材の外注を見直したり、事業計画を作る際に過去の案件との類似性を検索できるシステムを導入したりするなど、提案は多岐にわたる。

過酷な暑さ対策などが生産性を左右する鍛造現場で育った河合は「五十件ぐらい出した月もあった」と若き日を懐かしむ。

工場の従業員たちは「トヨタらしさ」を模索しながら、日々、カイゼンを続ける。社長の豊田章男（左端）や副社長の河合満（右）はその変化を感じ取るため、現場に足を運ぶ

「おまえの提案で仕事がやりやすくなった」と先輩に声をかけてもらうことが励みだった。実はこうしたコミュニケーションが「創意くふう」を重視する一番の理由だ。

今日よりもあした、あしたよりもあさって―。町工場のようなかんかんがくがくの議論で、カイゼンの精神を磨いてきたトヨタの文化が薄れている。だから、豊田は社員に「家族の会話をしよう」と説いてきた。

その豊田は八月末、衣浦工場（愛知県碧南市）で企業内訓練校・トヨタ工業学園卒の水野蘭丸（19）と出会った。新人の水野は部品の空き箱を流す装置にレールを追加し、箱の詰まりを防ぐ「創意くふう」を紹介。豊田が「コストがかかるでしょ？」と質問すると、はっきりとした口調で「詰まった箱を取る閉所作業でけがの恐れがあり、安全を優先しました」と即答した。

「そう、安全なんだよ」。豊田が気を良くしたのは、現場の大原則が守られていることに加え、社長にも遠慮せず、自らの意見を主張する若手の存在を確認できたからだった。

事務分野を含めたすべてのカイゼンは、言いにくいことを含めた本音の議論が源泉になる。そのことを知る桑田は、経営層と若手をつなぐ中間管理職の意識改革が鍵を握ると信じる。

「トヨタらしさを取り戻すのに、何年、かかるか分からない。でも、今、手を付けないと、トヨタは本当にまずいことになる」

強い危機感を胸に、桑田はまた、面談室の扉を開ける。

強みは…徹底、結束、発明文化

トヨタ自動車が生き残るために磨くべき「らしさ」とは何か。関係者50人以上に意見を聞いた。

目立ったのがカイゼンやトヨタ生産方式、原価低減の再徹底だ。トヨタ幹部は「乾いたぞうきんも絞る文化」、中堅社員は「『なぜ?』を突き詰める習慣」が強みだと指摘。「現地現物」を挙げたグループ企業の首脳は「人の意見をうのみにしない。人ではなく、モノに聞く」と独特の表現で、らしさを説明する。

OBは「若手にも具体的な意見を求めるのがトヨタ」と強調。系列企業の幹部は「自由に発言できる『人間性尊重』こそ、守るべきだ」と、カイゼンを生む風土の維持を求める。

グループのトップは「変化の激しい時代だからこそ(従業員の行動指針である)『豊田綱領』に尽きる。産業報国」と原点回帰の必要性を訴える。「仕入れ先を含め、方針が決まると、一丸で進む結束力」(取引先)、「ハイブリッド車を生んだ発明文化」(シンクタンク)との声もあった。

こうした「らしさ」は、その時代ごとの危機感の積み重ねが土台になった。元幹部は「貿易摩擦に環境規制、円高。経営層は常に『未曽有の危機』と言ってきた。それがトヨタを強くした」と言い切る。現在の業界の大変革はまさに「未曽有」で、危機感を競争力に結び付けることができるかが問われている。

5　挑戦か消滅か。正解なき難路

愛知県豊田市トヨタ町一番地、トヨタ自動車本社の大会議室。二〇一九年十月九日朝、労働組合トップの西野勝義（50）は冬の一時金に関する労使協議会で、社長の豊田章男（63）と向き合った。

「まだまだ意識が変わりきれていないメンバーを変えていく」。後ろに控える二百三十人の組合代表者の存在も意識し、鬼気迫る表情で吐露した西野。別の組合幹部は目の前に居並ぶ百二十人の幹部に向け「変わろうとする職場の雰囲気にマイナスの影響を与える幹部がいる」と切り込んだ。

営業部門で働く転職組の女性社員（38）は、トヨタの自社制作ネットメディア「トヨタイムズ」でこの場面をみて驚いた。マイナスイメージにつながる情報までさらけ出す姿に。そして、前職の国内大手電機メーカー時代を思い出した。

製品の競争力が落ちているのに、組織が大き過ぎて何も変えられない――。〇八年のリーマン・ショックで業績が低迷しても、根拠のない安心感と事なかれ主義がまん延していた。やる気がある人材は次々と他社へと移っていった。

今のトヨタも消費者が求める車を造るには、生産工程を変える必要があると思う。でも、技術部門に相談すると一蹴される。「もし変えたら、今の生産プロセスが止まってしまう。みんな怖くて手が出せない」

同じように大企業病に陥っていないか。別の企業で苦い経験があるからこそ、見える「トヨタの危うさ」がある。「前の仕事での失敗を伝えるのが自分の役割」と話すのは、別の電機大手から転職した男性社員（37）。かつて勤めた企業の製品が海外勢に淘汰《とうた》された原因は、他業界と協業しなかったからだと分析する。トヨタは時代遅れの自前主義を捨て始めているが、加速する必要があると考えている。

海外に目を転じると、七十七年連続で販売台数世界一位を記録しながら、〇九年に経営破綻した米ゼネラル・モーターズ（GM）にも「巨象」ゆえのほころびがあった。一九七〇年代初めに副社長を務めたジョン・デロリアンは自伝で、市場調査に基づく車造りを受け入れようとしない元上司を実名で批判。「社内抗争にうんざりした」「個人がのびのびと創造的な仕事にかかわれるのは、小規模の会社だけだ」と四十代後半で独立し、後に映画「バック・トゥ・ザ・フューチャー」で使われる車を開発した。大型車に注力し、日本勢が投入した小型車やハイブリッド車を軽視したことも、破綻の遠因だった。

変革を迫られるトヨタ自動車。写真は豊田市の本社

世界トップクラスの自動車メーカーに上り詰めたトヨタ。競争力を高めるチーフ・コンペティティブ・オフィサー（CCO）で副社長のディディエ・ルロワ（61）は言う。「競争相手の動きは本当に速い。何をするにも自分たちが一番だと考え始めると、相手が何をしているか分からなくなる。顧客に驚くべき体験を提供できる競争力を付ける挑戦が求められているんだ」

挑戦とは、車だけでなくシェアリングなどのサービスを含め、人々に移動の自由を提供する会社「モビリティカンパニー」への変革だ。社長の豊田が一八年一月、宣言した。

道の先は暗闇か、光か。ルロワはこう言い切る。「今のビジネスモデルが将来も正しいかは誰も分からない。変革できなければトヨタは消滅する。わずか数年で」

差し迫る危機を前に、ビジネスのフルモデルチェンジに乗り出したトヨタ。その挑戦はすでに国内のある場所で始まっている。

未来への投資拡大 評価
―トヨタ研究第一人者に聞く

トヨタ研究の第一人者で「ザ・トヨタウェイ」などの著書もある米ミシガン大教授のジェフリー・ライカー（66）＝写真＝が中日新聞の取材に応じ、「好調な会社が怠けるのは簡単だが、今、トヨタは社内外で100年に1度の変革を叫び、未来に目を向けている」と語った。主な一問一答は次の通り。

―GMなどかつて経営破綻した米国の大企業と、今のトヨタとの比較は。

「米自動車大手は、業績好調時に同業を買収するなどしていたが、逆にトヨタは好調時に節約し、適切なタイミングで投資する。写真用品大手イーストマン・コダックはデジタルカメラに本気で投資しなかったが、トヨタは自動運転や人工知能（AI）という未来への投資を拡大するなど手を尽くしている」

―変革に向け、カイゼン活動などトヨタらしさを重視しているが、評価は。

「絶え間なく改善を続ける考え方『トヨタウェイ』は、車やソフトウエアを開発し生産技術を磨くには強みであり続ける。ただイノベーション（技術革新）を起こすため、トヨタは外部企業と組み、AI研究の子会社を米国で設立するなど、別の戦略も採っている」

―今後の課題は。

「多様性が必要だ。特に日本の拠点はもっと外国人材、女性を増やすべきだ」

6 開発の最前線 シリコンバレー式

八角形に並んだ机に向かうと、お互いが視界に入らない角度になる。各人が仕事に集中できるように配慮した陣形だ。自動運転のソフトウエア開発のチームリーダー、青木健一郎（40）が仲間に声をかけた。「このタイミングでウインカーを出すとどうかな」。青木の周りに、すぐに議論の輪ができた。

東京・日本橋にある高層ビルの十七階。二〇一九年七月、近くのビルから移転したトヨタ自動車の自動運転ソフト開発会社「ＴＲＩ―ＡＤ（トヨタ・リサーチ・インスティテュート・アドバンスト・デベロップメント）」のオフィス。

横断歩道や「ＳＴＯＰ」などの標識が描かれた一周二百メートルの「道路」に面するホワイトボードに、「自動運転」と青木らが取り組むテーマが掲げられている。下段の棚に三列で並ぶ三十台ほどのミニカーは、自動運転の目標である「脱渋滞」をイメージさせる。道路を行き交う一人乗り

八角形に陣取られた机でコミュニケーションを取りながら仕事をするＴＲＩ―ＡＤのエンジニア。手前右は青木健一郎

道路をイメージさせるフロアで、電動二輪車に乗るＴＲＩ—ＡＤのＣＥＯ、ジェームス・カフナー＝いずれも東京都中央区日本橋室町で

「モビリティ（移動手段）」から見ても、チームの課題が分かる仕掛けだ。

メンバーは、生産技術や車両設計、法規制など異なる専門分野を持つ精鋭十人。機能横断で開発を加速させるため、青木がこの春、社員三百人を前に、社内公用語の英語で呼び掛けて集めた。「やりたいことを五分だけ話して、手を挙げた人を選んだ。こんな会社、他にないですよ」。トヨタで運転支援の制御設計などをして一八年十月に出向してきた青木自身、自由が認められる社風に驚いている。

オフィス入り口の画面では、社員の座席や携帯電話を検索できる。カフェスペースでは好きな飲み物を楽しめ、幹部お薦めの本も紹介。トヨタでは煩雑な書類を記入しないと持ち込めないパソコンも持ち運び自由で、ヘッドホン着用で仕事に没頭してもＯＫだ。

「ここは世界中の異なる文化、考え方を持つ社員が新たな発想を生む場所。ユニークじゃないと」。

オフィスには社長の豊田章男の直筆サインも

最高経営責任者（CEO）のジェームス・カフナー（48）が、入り口すぐの社長室から出てきて笑顔を見せた。米カーネギーメロン大教授、IT大手グーグルの自動運転部門創設メンバーなどをへて、トヨタの人工知能（AI）・ロボット研究の米子会社「TRI（トヨタ・リサーチ・インスティテュート）」に加わった経歴を持つ。

TRI―ADはTRIの技術を、部品サプライヤーと連携して量産車に落とし込む目的で、一八年三月に設立した。車造りだけなら別会社は不要だが「車のソフトはより複雑になっており、従来の古い開発手法はうまく機能しない。優秀な人材による小さなチームで迅速に開発するには、もっと創造的でなければならない。まったく違う文化だ」と語る。

社内では、米シリコンバレーなどIT業界で浸透する「スクラム」と呼ばれる開発手法を採用。専門領域の異なる多彩な人材が少人数でテーマごとに開発を進めるため、製品化スピードも上がる。従来あった、他部署との調整に時間がかかる「縦割り」の弊害もそこにはない。

こうした環境に、優秀な技術者が欧米、アジアなど世界中から集う。例えば、ソフトのプラットフォーム（基盤）開発を率いるのは、米動画配信大手ネットフリックスを立ち上げた技術者。「世界で最も優れたソフトウエア開発者の一人」という。

「目指すのは、シリコンバレー式のイノベーションと、改善を繰り返すトヨタらしいものづくりの融合。会社の資源である人に投資し、独自のアイデンティティーを築きたい」。スクラムやプログラミングだけでなく、ＡＩや外国語も学べる「ＤＯＪＯ（道場）」を設けている。

苦手だったプログラミング言語を勉強するなど、青木も変わり始めた。ＩＴを駆使し、効率よく仕事を進めるシリコンバレー出身者のスピードを肌で感じ、自動運転に関わる使命感を強くした。「時間が命。一分一秒でも早く、安全な車を届けなければいけない」

いくら最新技術や優れた仕組みを導入しても結局、仕事をするのは人。自ら変わらなければ、人々に今以上の移動の自由を提供できるはずがない。

「人が中心に居続ける未来を私たちは描いているのです」。一九年十月、トヨタ社長の豊田章男（63）が東京モーターショーで発したメッセージを体現する挑戦は、まだ始まったばかりだ。

記者コラム 1　杉藤 貴浩

連載「トヨタ・ウォーズ」が新聞紙面でスタートする3カ月ほど前、私はある心理学教授の研究室を訪ねていた。まだ固まっていなかった構想を自分なりに描き、取材のイメージをつかむためだ。

もちろん、教授は自動車業界の専門家ではない。トヨタ自動車幹部に知人がいるわけでもない。実際、本人も面会依頼の際は「なんでトヨタのことで私のところへ…」と戸惑っていた。

きっかけは「トヨタイムズ」だった。その半年ほど前の2019年初からトヨタが始めたネット上の自社媒体。豊田章男社長が頻繁に登場し、車づくりへの夢から社内改革に悩む姿、時には売店で買い物をする様子まで動画公開していた。

質実剛健、地元の三河武士さながらに「黙して語らず」の社風を貫いてきたトヨタらしからぬ戦略。突如として「自分語り」を始めた深層心理には何があるのか。その点、目の前にいる教授には「自己開示」に関する多数の研究があったのだ。

「人間が、弱さや葛藤も含めて自分のことをさらけ出すのは、相手との距離を縮めたいと本能的に感じている時です」と教授。「そして、たいていそんな時は周囲の環境が変わったり、自分が新しく試されていたりする場合が多い」。人間なら進学や就職の試験、あるいは片思いの恋愛だろうか。それなら、トヨタという企業の場合は—。

答えは自ずと明らかだった。電気自動車（EV）や自動運転化に象徴される自動車業界の大変革期。市場の激変に試され、本能的に自分を語り出したトヨタは、ともすれば業界の王者として離れがちだった社会や顧客との距離を見つめ直しているのかもしれない。

地元紙として、その姿を深く、息長く伝えてみたい。「企業と人って似ているのかもしれませんね」。教授とそんな会話を交わし、研究室を辞去した後の思いを今も鮮明に覚えている。

TOYOTA WARS

第2部

ものづくりを守る

国内の生産現場に焦点を当てる。この先も安定的に雇用を守りつつ、巨額の投資を伴う次世代分野の開発レースを下支えすることができるか。苦悩しながらも、変革期に挑む「地上部隊」の姿を追う。

第2部

1 湯煙の向こうに副社長

明け方のいてつく寒さを、霧雨がより一層、厳しく感じさせる。二〇一九年末のある日、早朝六時。待ち合わせ相手のトヨタ自動車幹部が少し寝癖が付いた髪を気にしながら、本社工場（愛知県豊田市）に姿を現した。

「おはよう。じゃあ、一緒に入ろうか」

取材場所はオフィスではなく、工場にある大浴場。「♨鍛造温泉」の木彫りを掲げた入り口の縄のれんをくぐると、始業前にひとっ風呂浴びに来ていた従業員から「おーっす」と声が掛かる。工場の後輩は肩書ではなく、幹部の名字で親しげに話し掛ける。

「雨が降って寒い日なんて特に『あいつら、ちゃんと会社に来るかな』って心配でさ。ここで顔を見ると、安心できるんだわ」。肩まで湯につかり、火照った顔でしみじみ語る。

中学卒業後、企業内職業訓練校であるトヨタ技能者養成所（現トヨタ工業学園）に進み、十八歳で本社工場に配属された。入社以来、朝風呂の日課は五十四年。役員になり出張が増えても、早朝の移動でない限り風呂に顔を出す。自らを「おやじ」と呼ぶ幹部の「風呂場談議」は、単なるくつろぎの場ではない。トヨタの生産現場を陰で支える湯煙の向こうに見えるものは—。

◇

「伸びちゃあへんか？　ここの湯は熱を持ってさ」。声の主は、トヨタ自動車副社長の河合満（72）。本人は大の長風呂好きだが、汗が止まらない記者を気遣ってくれる。体を洗い、ひげをそる。湯船に戻り、水で冷やして、最後にもう一度、湯で温め直す。その間、子や孫ほど年の離れた従業員に声を掛ける。

脱衣所でも「それで、あの風の強い日に釣りに行ったのか？」。「ワラサ三本、揚げました」と、後輩が得意げに答える。裸の付き合いに堅苦しい仕事の話題はご法度。釣りやゴルフ、写真、山登りと多岐にわたる。

河合は二〇一七年四月、技能職出身としては初のトヨタ副社長に就任した。超高温の鉄を扱う鍛造部に配属された若いころ、仕事を何度も「辞めたい」と思った。踏みとどまることができたのは、「小僧」の自分を気にして風呂場で話し掛けてくれる先輩の存在が大きかった。

三万点にも及ぶ部品を、チームワークで一台に仕上げる現場。「一人のミス、気の緩みですべての品質、信頼が駄目になる」。副社長になっても風呂に通い詰め、「うわさ話を

仕事前に本社工場の風呂に入る副社長の河合満＝愛知県豊田市で

含めた現場の情報はいち早く入る」と言い切るほど対話を重んじるのは、わずかな空気の異変も見逃さないためだ。

国内の工場はかつてない逆風下にある。新車市場は平成の初めに頭を打ち、今やトヨタが国内で生産する車の半分は海外市場に運んでいる。自動運転や電気自動車（ＥＶ）など新規領域への投資が膨らむ中、人件費が高い国内工場を残していく道はあるのか。

ホンダは狭山工場（埼玉県狭山市）の閉鎖、日産自動車も大規模なリストラを計画する。米国の「ビッグスリー」に目を向けても、ゼネラル・モーターズ（ＧＭ）が母国で、フォード・モーターは英国で工場の閉鎖を決めた。経費削減で主要拠点を減らす競合相手の動向は、人ごとではない。

これまでトヨタは日本の産業力や雇用、部品供給網の維持に欠かせない目安として、年三百万台以上の国内生産にこだわってきた。

「石にかじりついてでも日本のものづくりを守りたい。そのために三百万台を維持しなければならない」

社員に向け、二十年の年頭のあいさつでも触れた社長の豊田章男（63）。その思いを誰よりも理解する河合は朝風呂から上がると、脱衣所で入念に髪を整え、作業着をさらっと羽織った。

外は雨がやみ、日が昇っていた。「いつでも風呂に入りに来ていいよ」。記者にそう言い残し、他の副社長らがいる本社の事務棟ではなく、特別に工場内に置いている執務室へと急ぎ足で向かった。

「これでスイッチが入った。さあ、仕事だ」

国内生産　生命線の300万台

トヨタ自動車は1980年以降、リーマン・ショック後の2009年と東日本大震災が発生した11年を除き、国内で年300万台以上の生産を堅持してきた。

円高で製造業の海外移転が進んだ1990年代半ば、当時社長の奥田碩《ひろし》（87）は「300万台プラスアルファなら、トヨタグループを含めた雇用は維持できる」と発言。以来、300万台が境界線として注目されるように。米紙ウォールストリート・ジャーナルは、記録的な円高でも300万台体制を掲げた社長の豊田章男を「2012年に注目する世界の経営者」の一人に挙げた。

18年のトヨタの世界生産に占める国内比率は35%で、ともに17%だった日産自動車、ホンダと比べ突出している。ただ、

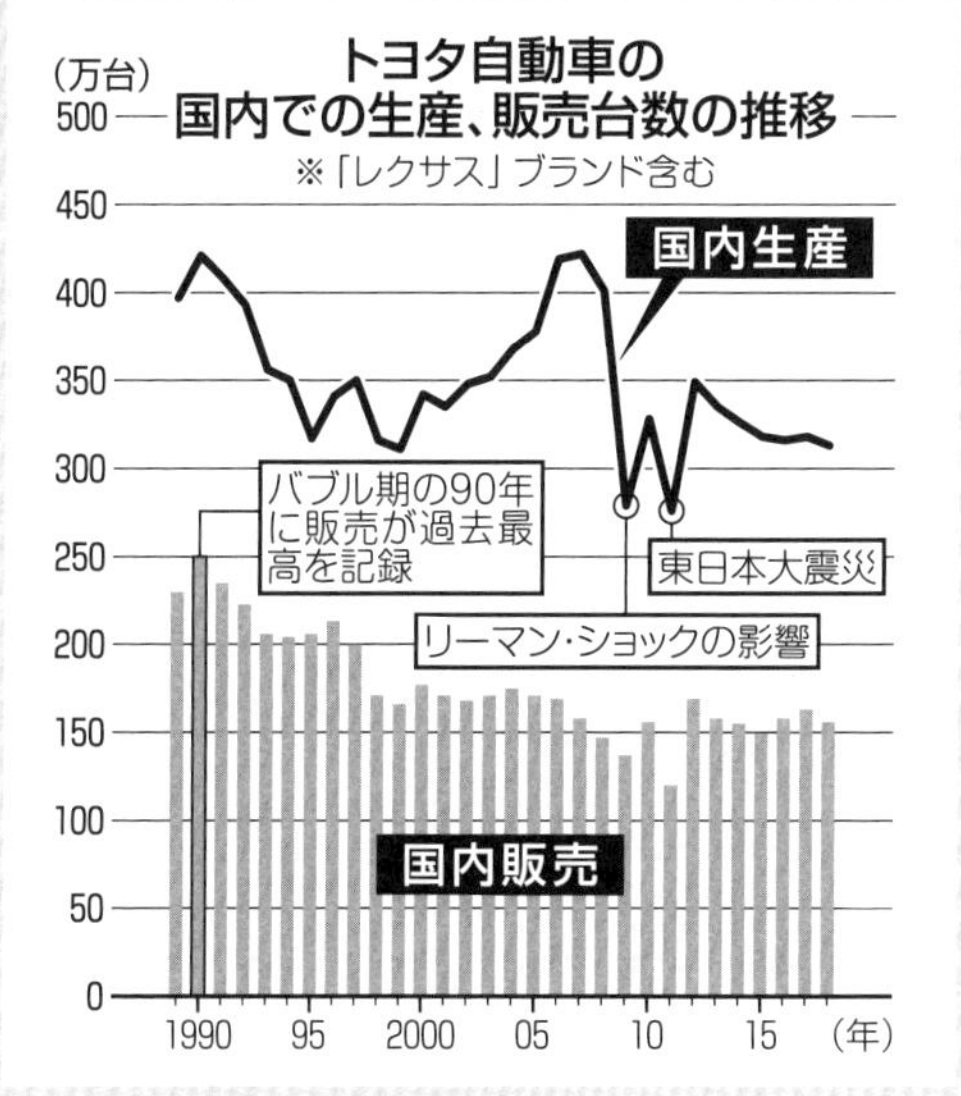

トヨタの国内販売は１９９０年の２５０万台をピークに、２０１８年は約４割減の１５６万台となった。

中国などで生産が拡大し「３００万台にこだわり続ける時代ではない」と漏らす関係者もいるが、急速な生産縮小は、本拠地の愛知県や完成車工場を置く東北、九州地方にとって大打撃だ。

米中西部では１９７０年代以降、生産の海外移転が進み、失業者が急増。ＧＭやフォードも生産を縮小し、現地は「ラストベルト（さびついた工業地帯）」とも呼ばれる。

２ 世界に一つ「おやじの会」

三河湾に面する愛知県蒲郡市に立つトヨタ自動車の研修施設「ＫＩＺＵＮＡ《きずな》」。会議を終えたなっぱ服（作業服）姿の男たちが勢ぞろいした宴会場に、突然、テレビ電話がつながった。

「トヨタ自動車の豊田章男で～す」

聞き覚えのある声に、お酌する手が止まり、赤ら顔の視線が画面に集まる。

そこに映っていたのは、満面の笑みをたたえたトヨタ社長の豊田章男（63）。いたずらっぽい表情で突然、皆に問い掛けた。

「世界中に自動車会社が数ある中で、他の会社のトップが持っていなくて、唯一、トヨタの社長だけが持っているもの、何だか分かりますか?」

宴席の参加者が「おやじの会!」と声を張り上げると、豊田は「イェーイ。ザッツ・ライト(正解)!」と上機嫌で応じた。

集まっていたのは、「オールトヨタおやじの会」のメンバー。副社長の河合満(72)の呼び掛けで二〇一八年秋、トヨタグループの製造現場の連携強化を狙って結成し、横のつながりを深めてきた。デンソーやアイシン精機、豊田自動織機、トヨタ紡織、ジェイテクト、豊田合成、愛知製鋼、トヨタ車体に北海道、東北、九州の生産子会社、ダイハツ工業、日野自動車…。二回目となる一九年秋の会合には、トヨタを含む十四社の工場系幹部三十三人が現場から集結した。

酒宴の終盤、グループ会社のマークをあしらった特注のケーキが会場に持ち込まれた。河合がチョコレートのペンで真っ白いチョコプレートに「絆」の一文字を書き込む。「おやじ、頼むぞ。技能を見せてくれっ」。他社の年下からも容赦ないやじが飛ぶ。

メンバーはお互いを「同じにおいがする現場の仲間」と認め合う。おやじの会が発足してから、新規車種の立ち上げ時のトラブルや自然災害があれば、電話一本で援軍を送るまでに連携は深まった。

「われわれ、おやじは怖いものなし。言いたい放題、やりたい放題で、部下と、モノづくりの面倒をしっかりみていく」。出張で慌ただしく世界を飛び回る豊田が、わざわざ、テレビ電話を使って飛び入り参加してきた意味をかみしめるように、河合が言う。

先端技術の開発競争ばかりが注目されがちな業界の大変革期にあって、豊田は、トヨタの強みを「リアルなモノづくりの力だ」と内外に発信する。

センサーやカメラ、人工知能（AI）、半導体に制御システム。この先、車はますます精密機器の集合体になっていく。でも、それを支えるのは、あくまで「人」だ。

「どんな先端技術が車に搭載されようが、安全性や生産性、原価は、最前線の現場のつくり込みで決まる」。おやじの会のメンバーたちは、高度化する車の量産ノウハウを確立し、海外の拠点に広めていくことが、これから国内工場の存在意義になると考えている。

特注のケーキには「絆」と書いたチョコレートを飾った。現場の一体感を守り抜くため団結するトヨタグループのおやじたち＝画像はコラージュ

そんなおやじたちに絶大な信頼を寄せる豊田は、テレビ電話の最後をこう締めくくった。

「私には、おやじがついている。だから、こんなにも、世界で戦えます。人間が魅力をつくる。頼みますよ、現場。おやじたちはいつも元気で、笑顔で、そして厳しく」

「オッケー！」。ＩＴなど異業種を巻き込む未知の戦いで「地上部隊」の陣頭指揮を託されたおやじたち。野太い声で軽く返したが、どの目も鋭く光っていた。

3 説教も議論も絶滅危機

酒を飲み、管を巻くだけが現場のおやじではない。

トヨタ自動車グループの工場系幹部でつくる「オールトヨタおやじの会」。会議を招集すれば開始時刻の三十分前に全員がそろう。時間厳守の工場で染み付いた習慣は簡単には抜けない。

二回目となった二〇一九年秋の会合では、現場を統率していくリーダー、つまり、おやじたちの後継者をどう育成するかが主な議題になった。声が大きいので、おやじの会議にマイクはない。

「工場もパソコン仕事が増え、現場を見て『何だ、これは！』と注意できる人材がいなくなってしまった」。日野自動車の工場長、川浪広勝（64）の発言に一同がうなずく。

会員は若くても五十代。「こんな図面で物を作れるかっ」。かつてはどの工場でも、大卒の社員にも臆せず、設計図を投げ返す血気盛んな先輩がいた。

「絶滅危惧種になってしまった」。アイシン精機で現場の人材育成を担う服部ためよ（59）は、おやじの窮状を訴える。若いころ、上司は「格好が良くて、声が大きく、腕っ節が強いのがおやじだ」と教えてくれた。徹底的に技能を磨き上げてこそ、自信や人望がついてくるのだと受け止めた。

ただ、生産ラインはロボットの存在感が高まり、休憩中はスマートフォンを手放さない従業員が目立つようになった。「言われたこと以外はやらない、議論もなしに仕事をする。ものづくりをそんな世界にしては駄目だ」。トヨタ副社長の河合満（72）は、カイゼン（改善）の土台が崩壊してしまうことを懸念している。

トヨタの完全子会社、ダイハツ工業の取り組みはユニークだ。本社工場と京都工場で現場のトップに立つ福嶋洋（56）は「おやじの説教場」を設けた。福嶋は、関西人らしく「（現場のリーダーである）係長は部下を笑わせたれ。心を伝えていくことが伝承や」と指示し、工場のあちこちでコミュニケーションの場が生まれている。「ハイテク技術を使いこなせる最強のアナログ人間になろうや」が合言葉だ。

「一番のキーワードは女性。これからは女性も現場を仕切る時代だ」。そう指摘するのは、デンソーの織部恒久（56）。

生産現場を引っ張る後継者の育成問題について議論するオールトヨタおやじの会のメンバーら＝愛知県蒲郡市で

「職場の意識改革を導き、仕組みをつくっていくのは、おやじの仕事だ」と、多様性のある現場づくりに奔走する。

会議では、さまざまな取り組みが紹介された。あえて自動化の工程を減らして、手作業に戻すことで現場の議論を促したり、リーダーに必要な技能と素養を一覧表にしたり。メンバーは各社の試みを熱心にメモし、それぞれの職場に持ち帰る。

そんなおやじたちの力が試されているのが、「ホーム&アウェー」と呼ばれるトヨタグループの戦略だ。従来は一つの製品を複数の社に担わせ、互いに切磋琢磨《せっさたくま》することで競争力を磨いてきた。しかし、先端分野への投資が拡大する今、既存領域の開発費を抑えるため、得意な一社に集中させる方針を鮮明にしている。

半導体などの電子部品がその象徴だ。トヨタの広瀬工場（愛知県豊田市）を丸ごとデンソーに移管することが決まった。しかし、社風も、ものづくりのノウハウも異なる。出向や転籍など従業員の生活も左右することから、現場の動揺は小さくない。

今後、こうしたケースは確実に増えていく。戦略を決断するのは各社の首脳陣だが、何か問題があれば、それを乗り越えて日々の生産を続けていくのは現場だ。

「やっぱり現場を動かす力は、俺たちにある。部下は『おやじが言うなら仕方がない。間違いないか』と黙ってついてくる。それが、グループの大きな力になる」。アイシンの服部が言うように、いくら「絶滅危惧種」と呼ばれようとも、おやじたちは、現場の一体感を頑固に守り続ける。

4 田原工場の再挑戦

　愛知県の渥美半島の付け根にあるトヨタ自動車の田原工場（愛知県田原市）。工場の稼働開始から四十周年を迎えた二〇一九年、お祝いムードとは程遠い現場は、生き残りを懸けたプロジェクトに追われていた。

「輸出頼みの田原工場はいずれ、玉（生産車種）がなくなる」。取引先企業を含め、トヨタ関係者の間でささやかれるうわさは、嫌でも従業員の耳に届く。かつては、国内最大規模の輸出基地としてトヨタのグローバル化をけん引してきたが、近年は生産ラインの稼働率が低下。ほかの拠点の「生産応援」のため、家族が暮らす東三河を離れた同僚は少なくない。「田原の未来を自ら築く」とのスローガンを掲げた生産現場で働く高桑新吾（40）が振り返る。「正直、造る車がなくて困っていた」

　そんな時、中国の富裕層から高級車ブランド「レクサス」が人気を集めたことを受け、九州地方の子会社だけでは生産が追い付かなくなったスポーツタイプ多目的車（ＳＵＶ）「ＮＸ」を田原で追加生産する話が突然、舞い込んだ。

「起死回生のチャンス」と位置付けたプロジェクトだったが、立ち上げ時期が遅れて迷惑をかけたり、品質やコストで九州の後塵《こうじん》を拝したりすれば、一過性の生産で終わり、元のもくあみになってしまう。

「『誰がやるの？』。そんなことを言っている場合じゃなかった」。普段、車体の溶接ラインで働く高桑は志願し、元町工場（愛知県豊田市）に通い詰めて生産設備の設計に使うコンピューターのソフト

社長の豊田(左)にレクサス「ＮＸ」の生産プロジェクトなどを説明する碓井＝愛知県田原市で

の仕組みを一から学んだ。

後輪駆動車を手掛ける田原工場で前輪駆動のＮＸを生産するには、溶接ラインの新設が必要だった。だが、時間と人手が足りず、余計なコストもかけられない。高桑らは即席の知識と自らの手で、高岡工場（同）から入手した中古の前輪駆動車向け設備をＮＸ仕様に改造した。

車の部品を取り付けるラインも、作業のために車両を持ち上げる装置を、車高が異なっても流用できるように改良を施した。「一番大変なところをやらせてほしい」と手を挙げた碓井瑞生（39）も、畑違いの塗装が専門。「このラインなら、ＮＸ以外の高級ＳＵＶの追加が決まってもすぐに流せる」。その言葉には、当初の計画よりも三カ月前倒しされたＮＸの生産開始に間に合わせたことへの自信がみなぎる。

ただ、安心はできない。リーマン・ショック後、安定的に利益を出す体制の再構築に乗り出したトヨタがまず、手を付けたのが田原工場の縮小だった。一三年にラインの一つを閉じた結果、最盛期に年六十万台あった生産台数は半減。従業員はピークの一万一千人から八千人に減った。トヨタが国内工場のライン閉鎖に踏み切るのは初めてのことだった。「需要のあるところで車を造る」という方針を掲げる今、輸出車の比率が高い田原の厳しい立場は変わらない。

「なんでも、やります。どんな車でも造ります。ぜひ、田原に仕事をさせてください」。レクサス製造部の田村佳則（54）が、一九年八月末、工場の視察に訪れた社長の豊田章男（63）にこう懇願したのも、危機感を胸に抱いているからだ。

「誰かに言わされたのか?」。その気迫に驚いた豊田が意地悪に聞き返すと、田村は「では、明日にでも工場に来てください。どこかが、（カイゼンで）変化しているはずですから」と即答した。生き残りを懸けた戦いは、日々続く。

メモ

トヨタ自動車田原工場　1976年、国内生産年300万～320万台以上への増産に向け建設が決まった。三河湾に面した立地を生かした輸出拠点の位置付けで、79年に第1ラインが稼働し、「ハイラックス」の生産を始めた。その後、80年代に第2、第3ラインが稼働を開始し、トヨタの成長を支えた。現在はレクサスブランドの「LS」、「IS」、「RC」や「ランドクルーザー」、「4ランナー」などを手掛け、2018年の生産実績は約30万台。

5 世に出ない車

敷地内の事務棟の玄関を入ると、深紅に輝く筋肉質なスタイルのスポーツタイプ多目的車（SUV）が視界に飛び込んでくる。

その正体は「レクサスGXF」。情報の早い自動車ジャーナリストもキャッチしていない新型車だが、それもそのはず。この車両が世に出る計画はない。

高級車ブランド「レクサス」のSUV「NX」の生産プロジェクトを、総力で乗り切ったトヨタ自動車の田原工場（愛知県田原市）が二〇一九年、四十周年を迎えたことを記念し、車好きの従業員が集まって手掛けた一台限りのモデルだ。

「社長は社内にチャレンジを促している。うちの工場も何かを発信し、仕事をもらいにいかなくてはいけない」

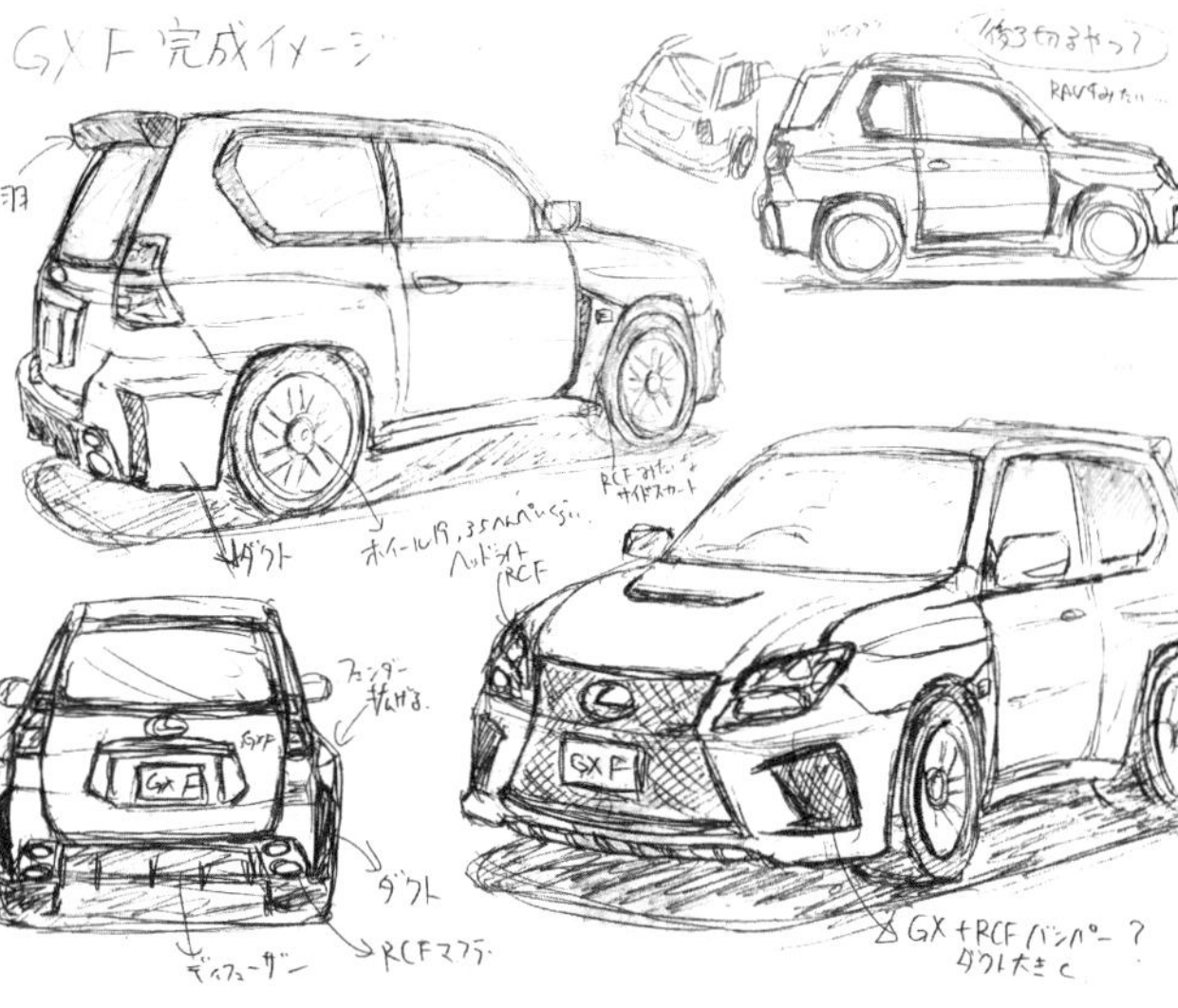

筆で描き上げた「GXF」のデザイン画

開発の中心を担った入社五年目の石井宏尚（31）は、趣味の自動車ラリーでプロ級の腕前を誇り、エンジンの品質管理が本職。だが、電気自動車（EV）の存在感が日増しに高まり、欧米メーカーにはエンジン開発を凍結する動きも出始めた。「自分の仕事はなくなるかもしれない」。そんな不安が頭をよぎった。

車両の生産台数も振るわない中、従業員の危機感と心のもやもやを吹き飛ばすため、形にしたのがこの「GXF」だ。

「ベンツやBMW、ポルシェにはハイパワーSUVがあるが、トヨタはまだ、ここが弱い」

量産車の車種構成を見極め、3ドアのSUVに決めた。鉄板の加工に溶接、塗装、電気系統…。工場の約四十人が得意な技術を持ち寄り、鉛筆のデザイン画を基に製作に取り掛かった。排気量五〇〇〇ccの大型エンジンや八速のトランスミッション（変速機）、ボディーの一部などは、廃車の「レクサスRCF」とランドクルーザープラドをばらして組み込んだ。活動を聞き付けた部品メーカーも

従業員が製作した「GXF」

得意な技術を生かしてチームワークで「GXF」を仕上げるメンバー＝愛知県田原市で

力を貸し、わずか三カ月で走れる状態まで仕上げた。

工場では市販車の生産開始をまねて、ささやかなラインオフ式を企画した。「実は、車体の一部はまだ段ボールだった。エンジンをかけたら、白煙も出ちゃって」。そう明かすのは、石井の先輩で、普段は品質管理を担当する友弘貴雅（39）。「最初は半信半疑だったけれど、困り事にぶつかるたびに、現場の職人から、ポンポンとアイデアが出て何とかクリアすることができた」と胸を張る。

その後、段ボールのボディーを改良し、一九年夏に開いた四十周年のイベントで田原市長らにお披露目した。設計、開発から車を造り上げたことについて、地元の住民は「工場の人たちだけで、こんなことができるのか」と驚いてくれた。

「仕事の5％ぐらいは、ばかなことをやって良い」。そう言って、プロジェクトを後押しした工場幹部は「トヨタ本体の開発スピードよりも速いんじゃないか」と冗談めかして笑う。GXFは一時期、トヨタ本社の技術本館に展示され、本職のデザイナーも視察に訪れた。

「(売るなら）二千万円ぐらいか?」。幹部の問い掛けに、仲間とGXFを形にした石井は「やっぱり悪路が多い中東地域なんかは車のパワーが必要。もうかると思います」と言い切る。

「ばかな5%」が、未来の仕事につながるかもしれない―。その表情には、逆風下にある工場が前向きな雰囲気に変わり始めていることへの手応えがにじみ出ていた。

6 工場に砂の達人

右手に神経を集中し、真っ黒な砂をぐっと握りしめる。塊になった砂を今度は手のひらに乗せて指で押し、割れ具合に目を凝らす。

車の鋳物部品を手がけるトヨタ自動車の明知工場（愛知県みよし市）には、「サンドマン」と呼ばれる職人集団がいる。砂は、ドロドロに熱した鉄を流し込む鋳型に使う。その強度の見極めが彼らの役目だ。

「おまえは砂を触っておけ」。この道二十年近くになる西岡大輔（40）は見習いのころ、先輩に口酸っぱく言われた。砂には石炭粉が含まれる。洗っても落ちない手の黒ずみが、その教えを忠実に守ってきた証し。砂の状態は湿度や気温、時の経過で刻々と変化する。少しでも狙った強度から外れれば、鋳型が崩れたり、緩んだりして、不良品が出る。

西岡は「チクチク、ざらざら。重たかったり、そうでなかったり。砂は生き物だ」と表現する。今では職場仲間から「サンド・マイスター（砂の達人）」と一目置かれる存在だが、その向学心は尽きない。会社や製品によって微妙に性質が異なる砂の奥深さを追究するため、二〇二〇年一月から仕入れ先の鋳造部品メーカーに出向し、新たな砂を握っている。

実は明知工場のサンドマンが素手で確かめている砂の強度は、設備のセンサーでも測っている。機械なら水分や粘土分といった成分を細かく数値化できる。だが、センサーがはじき出した数字に違和感を持った職人が、トラブルを防いだことが何度もあった。

「母親が赤ちゃんにミルクを与える時、最後は肌感覚で温度を確かめる。それと同じさ」。工場の経験が長い染谷政義（63）が例える。

鋳造部長の三角《みすみ》洋昭（50）は「機械は壊れるし、うそもつく」と、現場に徹底する。入社したばかりのころ、砂の成分を自動で測定するシステムの開発を任された。現場に打ち合わせに行くと、ベテランのサンドマンか

現場で「サンド・マイスター」と呼ばれる西岡

ら、「砂も触らずに来たのか。帰れ！」と怒鳴られた。

その経験を覚えている三角は「職人の技こそが日々のカイゼン（改善）を支える」と言い切る。自分の腕に確かな自信がなければ、不良品を減らすために、砂の強度や鋳型の変更を提案することなど、できない。

米グーグルやアマゾン・コムなどが自動車業界の慣習を覆す発想力とスピードで台頭する今、なぜ、社長の豊田章男（63）は「現場のリアルな力」にこだわり続けるのか。工場を束ねる副社長の河合満（72）は「技術は人のために存在する。使いこなすのは人間だ」と、諭すように言う。

「達人」を育て上げてきた明知工場でも今、人工知能（AI）を駆使し、作業の自動化に挑んでいる。鋳物部品に使う鉄を溶かす工程はその最前線。鉄くずやマンガン、リンなどを混ぜて熱する炉の内部は一五〇〇度近くに達し、その過酷さはトヨタの現場で随一とされる。

超高温の大釜の表面に浮き上がってくる不純物を取り除く作業は、熟練の従業員がフォークのような形状の大

鋳物部品を成型する鋳型に使う砂。「サンドマン」と呼ばれる職人たちが、強度を素手で確かめる

車の鋳物部品はドロドロに熱した鉄から製造する。溶解炉の内部の温度は1500度近くに達する＝いずれも愛知県みよし市で

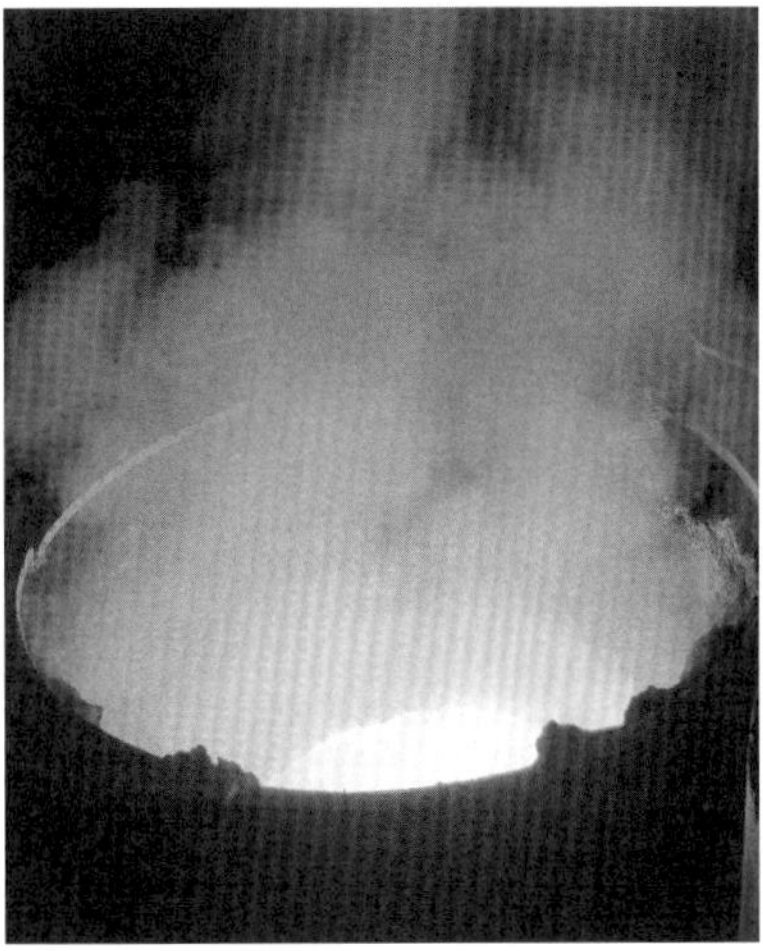

型工具で担ってきたが、人の技術をロボットに教え込むテストを繰り返している。

「いくら、ロボットにやらせても、必ず不具合が出る。その原因を追究できるのは人の技能しかない」。先端技術を取り入れつつ、三角ら工場幹部は、匠《たくみ》の技を伝承する教育に心血を注ぐ。

トヨタは、激しさを増す自動運転の開発でも、「人中心」の価値観をぶらさない。壁にぶつかりながらも歩みを進める生産現場の挑戦は、次世代分野の競争で欠かすことができない、トヨタの強みと風土を死守する戦いでもある。

記者コラム 2

鈴木 龍司

世界広しといえども、カメラマン同行で入浴シーンの取材を許可してくれる大企業の首脳は、恐らく、他にいないだろう。

現場一筋で、「オールトヨタおやじの会」を率いる河合満エグゼクティブフェロー（取材当時は副社長）。お世辞抜きで、入浴姿が絵になった。取材中は、汗だくになりながら、シャッターを切るカメラマンのことをずっと気にしていた。「このまま帰ったら風邪引いちゃうぞ。終わったら、風呂で温まったらええわ」。この気配りが、工場の部下たちから慕われる理由の一つだと納得した。

「いつでも風呂に来いよ」。その約束通り、取材後も何度か工場での朝風呂に同行させてもらった。2020年夏に社会部への異動が決まり、トヨタ担当を離れることになった時もそう。「外から見たトヨタはどうか。これからも教えてくれな」。火照った顔。「長い人生、色々な経験をすることは絶対にマイナスにならないから」。最後は父親のような言葉をくれた。

巨人トヨタは一体、何と戦っているのか―。社内でも肩書きではなく、「さん」付けで呼ばれている河合さんからは、その答えのヒントをもらった気がした。最先端のソフト開発であっても、量産ラインの仕事であっても、最後は人の手と頭。そして人間関係。「モノづくりは人づくり」。トヨタがトヨタであるための哲学を次世代につなぎ、時代に合わせて再構築していけるのか。裸の付き合いを通じて、連載全体のコンセプトが固まった。

TOYOTA WARS

第3部

トヨタの頭脳

IT大手など競合ひしめく米国から技術開発の最前線を探る。未来のモビリティ社会の実現に向け主導権を握ることはできるのか。闘いの現場は、車から人の暮らし全体に広がりつつある。

第3部

1 AIの第一人者

一人の米国人男性が、身長約二メートルの大きな体を折り曲げ、生産ラインを下からのぞき込んでいた。二〇一八年五月、トヨタ自動車の上郷工場（愛知県豊田市）。

台車も含めて十五キロ以上もあるエンジン部品が、少し押しただけで滑るように、隣のラインに移っていく。以前は従業員が持ち上げて運んだが、今は人の負担を軽くし、生産性を高める日本伝統の「からくり」の技術がちりばめられている。

「ここはこういう仕組みだね」。自動運転や人工知能（AI）など、トヨタの先端技術開発を率い、「トヨタの頭脳」ともいえるこの男。ものづくりは専門外のはずだが、すべてのからくりを言い当てていく。その姿に、案内役を務めた副社長の河合満（72）も「すごいな」と目を見張った。

現場を束ねる「おやじ」を驚かせた「トヨタの頭脳」。正体を探りに米国に飛んだ。

◇

「やあ、元気かい。私のオフィスで話そうか」

多くのIT企業が集う米西海岸シリコンバレー。幹線道路沿いのベージュ色の建物を訪ねると、その男が玄関先で迎えてくれた。

名はギル・プラット（58）。トヨタ自動車の研究開発子会社「トヨタ・リサーチ・インスティテュート

（ＴＲＩ）」の最高経営責任者（ＣＥＯ）を務める。
インターネットや衛星利用測位システム（ＧＰＳ）の発明で知られる、米国防総省の国防高等研究計画局（ダーパ）で研究責任者などを務め二〇一五年にトヨタに転じた、人工知能（ＡＩ）研究の第一人者だ。ＴＲＩは自動運転やロボットなど未来の技術を担っており、トヨタがあらゆる移動サービスを手がける「モビリティカンパニー」に生まれ変わるカギを握る。

（左から時計回りに）取材に応じるＴＲＩのＣＥＯ、ギル・プラット。米フォード・モーターの工場で働くプラットの父。プラットがトヨタ副社長の河合満に贈った木製ボウル

　ＣＥＯ室にはダーパの表彰盾などとともに、トヨタ社長、豊田章男（63）のキャラクター「モリゾウ」の人形が並ぶ。「いつも章男に見られてるんだよ」。隣には、一九六〇年代初め、米自動車大手フォード・モーターの工場で働く父の白黒写真も飾ってある。

　幼少期、家には車の生産改善案を書いたカードがあり、父の考えをよく聞いた。壊れた時計を分解して修理したり、トランシーバーを設計してみたり。自分で何か作るのが好きだった。少年のように「ものづくり職人の心に触れることができるからね」と語る。

　車の修理も手掛け、中でも「修理しやすい設計」の

トヨタ車はお気に入りだった。工場の案内のお礼に副社長の河合満に贈ったのは、大学で家具デザインを学ぶ次男が作った木製ボウル。三代そろって、ものづくりが好きだ。

「これはまだ誰にも話していないんだけどね」。せきを切ったように話し始めたのは、六二年、核戦争寸前まで米国とソ連（当時）の間で緊張が高まったキューバ危機。父が涙を流して家族の安全を心配したと聞き、強烈な記憶として残った。米政府がソ連の行動を予測し、海上封鎖などで軍事衝突を回避したことを後に知り、こう感じた。「どうすれば人が考えることを予測できるか。それが分かれば、良い仕事ができる」

防衛技術を開発していたダーパ時代、人の行動の予測に関する研究をするべきだと上司に相談した。だがテーマが大きすぎると認められなかった。「人」の研究より、「技術」の開発が優先される環境だった。代わりに自律走行ロボットの開発を率いていた時、トヨタから「人の意思を尊重する自動運転開発を担ってほしい」と誘いがあった。実用化を前提に人を研究する仕事だった。「人々に大きな影響を与えられるチャンスをもらった」。幼い頃、親友を交通事故で亡くした経験も、安全な車造りに加わる動機となった。

米ＩＴ大手グーグルなどから優秀な人材を自らスカウトし、ＴＲＩは二〇一六年一月の設立当時、米メディアから「ドリームチーム」と称された。一方、地道に現場も回った。トヨタ自動車東日本（宮城県大衡村）の工場で従業員がからくりを考案するのを生きがいにしている姿を見て、何度失敗しても、動くようになるまで機械をいじっていた幼い自分と重ね合わせた。

「人が何を求め、何が人の暮らしを良くするのかまず理解し、それからどんな技術、機械が助けてくれるのか考える。人が第一、技術は二の次だ」との思いは強い。最新技術で競い合うシリコンバレーらしからぬ「人中心」の考え方は、自動運転で先行するライバルのグーグルなどに後れを取る恐れもある。

ただ、十九年十月の東京モーターショーで社長の豊田も、あらためてこんなメッセージを発した。「いろいろな情報がつながると街も社会も、もちろんクルマも、もっと人中心になっていくはずなんです」

自動運転でも機械任せにせず、人を尊重して心地良い走りを追求するトヨタ。その取り組みは、フルスロットルに入った。

荷室ドアを自動で開けるトヨタ自動車東日本のからくり

2 自動運転への情熱

目が覚めると、病院の集中治療室（ICU）だった。二カ月の昏睡《こんすい》状態。でも記憶ははっきりしている。バイクに乗っていて、車にぶつかったんだ。どうしたら事故を防げたんだろう。

「この課題やってみないか」。インド出身で米シリコンバレーのIT技術者、アシュウィニ・チョウダリ（55）が見舞いに来た仲間に尋ねた。そうして四年後の二〇一七年にできたのが、自動運転技術開発のスタートアップ「レコグニ」だ。

　自動運転車が周辺状況を把握する「認知」過程で、電池消費量を大幅に抑えながら、データ処理スピードを高める技術を開発。米半導体大手インテルに勤めた後、記憶媒体向けチップやカメラ開発など四つのスタートアップを創業してきた技術と経験を生かした。

　自動車ビジネスは初挑戦だったが「事故が新しいモチベーションになった」。一九年夏、トヨタ自動車の米研究開発子会社「トヨタ・リサーチ・インスティテュート（ＴＲＩ）」の投資会社から出資を受けた。ＴＲＩには米ＩＴ大手グーグルなどからも優秀な技術者が集うが、レコグニのように光る技術、アイデアを持つ会社には積極的に資金を提供。場合によっては協業し、トヨタの製品にも生かす。現状、移動サービスやロボット領域を含め二十以上のスタートアップに出資する。判断基準は何なのか。「最も大事なのは、起業することで彼らがどんな経験をして何を得られるかということ。次にアイデアの良しあしだね」。ＴＲＩ最高経営責任者のギル・プラット（58）は、事業内容よりも「人」を重視する。

アシュウィニ・チョウダリ＝米シリコンバレーで

　プラットは幼いころ、自転車に乗った親友を目の前で車にひかれ亡くした。トヨタや全国の販売店が交通安全を願う聖光寺（長野県茅野市）での法要に初めて参加した四年前の夏、当時の痛みを思い出した。

「事故は何の前触れもなく、家族にさよならを言うこともできない。最大の苦痛なのです」。住職の松久保《まつくぼ》秀胤《しゅういん》（91）の法話に心揺さぶられた。松久保はこうも言った。「人がコントロールできないような自動運転車は造ってはいけない」

機械が完全に人の代わりになるのは良くない、という趣旨だが、自動運転技術の開発を担うために設立されたばかりのTRIを否定するような言葉だった。松久保に歩み寄り、開発中の自動運転システム「ガーディアン」を説明した。

保護者を意味するその運転支援システムは、人の運転を妨げずに事故が起こりそうな時に回避できる。いわば、人と機械が共存する自動運転。説明を聞いた住職は「素晴らしい技術だ」と、背中を押してくれた。

ガーディアンとソフトウエアを共有する別の自動運転システムを使い、トヨタは東京・お台場での実証実験を計画する。トヨタの高級車ブランド「レクサス」

聖光寺で住職の松久保秀胤（中）と会ったギル・プラット（右から2人目）ら＝長野県茅野市で

米シリコンバレーの街中を走るＴＲＩの自動運転実験車

のセダン・ＬＳをベースに、限定エリアで機械がすべて操作する自動運転「レベル４」の車の試乗会だ。いずれも、そう遠くない未来に実用化が期待できる。

自動運転技術を巡っては、グーグル系のウェイモなどがレベル４での配車サービスを既に米国内の地域限定で始めている。ただ、完全自動運転になるまでの技術開発の壁はまだ高い。米配車サービス大手ウーバーは二年前に実証実験で死亡事故を起こした。

プラットは「自動運転車に不可欠な認知や（操縦）計画の能力は、人間より高いものになっていく。でも一番難しいのは予測だよ」と語る。ＴＲＩは、人工知能（ＡＩ）で人間の行動を正確に予測する技術の研究も進めている。

親友が車道に飛び出すのを車が予測できれば、死ななくて済んだかもしれない――。「トヨタの頭脳」が思い描く交通事故死ゼロの世界はやってくるのか。「完全自動運転はいつか実現する。でもいつになるか、誰にも分からない」。プラットのオフィスの前を、ＴＲＩの実験車が走り去った。

3　理想のロボット

Ｉｋｉｇａｉ《生きがい》——。生きる喜びを意味するこの日本語が、米シリコンバレーにあるトヨタ自動車の米研究開発子会社「トヨタ・リサーチ・インスティテュート（ＴＲＩ）」の技術者たちの会話で飛び交っていた。

「人は仕事を辞めると、何かをして社会に貢献することが難しくなる。幸せに暮らし続けるには、生きる目的が大事。ロボットを導入することで、生きがいを失わずに済む、そんな未来を目指してるんだ」

ロボット部門の副社長、マックス・バジュラチャーリアー（40）が、理想のロボットを語る。

生きがいの大切さに気付いたのは昨年、トヨタ自動車東日本（宮城県大衡村）の工場を訪問した時。そこでは生産ラインにある機械が、人と一緒に仕事し、人の力を高める役割を果たしていた。従業員は、さらに生産効率を上げるためにからくりを発明することで、生きがいを感じている。

「好きなこと、得意なこと、世間に必要とされること、お

ＴＲＩのロボット部門副社長、マックス・バジュラチャーリアー

台所をふく開発中の家事支援ロボット＝ＴＲＩのホームページから
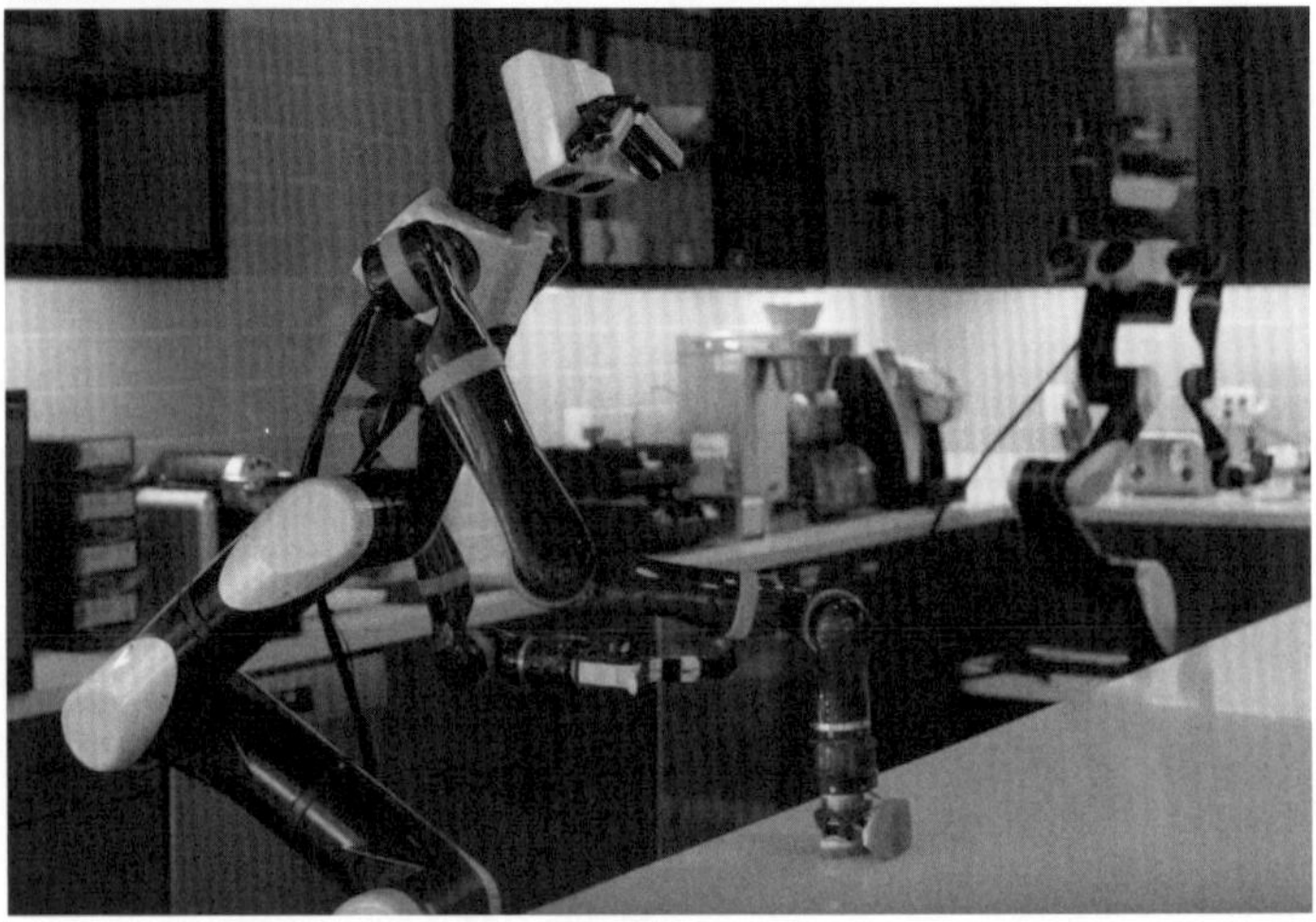

金になること。この四要素が重なると、使命感や目的意識を持って仕事をすることができる。それが生きがいになるんだ」。一緒に工場見学したＴＲＩの最高経営責任者（ＣＥＯ）、ギル・プラット（58）も、同じことを考えていた。工場のようにロボットと人が家庭でも共存できれば、人は生きがいを感じ、幸せでいられるのではないか。

ＴＲＩが二〇三〇年の実用化を目指して開発しているのは、人型の家事支援ロボット。オフィスの従業員用台所での実験で、アーム（腕）を伸ばし、ペットボトルを器用につかんでいた。そのまま向きを変え、台所の反対側に向かって進む。障害物がないか、時折、首を振って確認している。かなり人間くさい。

あえて、万能にならないように設計してある。頭部に付いたカメラの視野角は、人の目より狭い一二〇度。見たものを記憶できるが、人ほど長く覚えていられない。台所の端まで来たロボットが、もう片方の腕を戸棚に伸ばしたところで突然ストップした。

「これが現実。まだ十分に賢くない」。バジュラチャーリアーがつぶやく。機械だけではできないことがあるから、人とパートナーのように暮らせる。お互いに補い合う中で、人は生きがいを見つけるのではないか。

必要な動作を覚えさせる作業は、動きをデータ化できるＶＲ（仮想現実）技術でスピードアップ。覚えた動作は複数のロボットで共有する。金属やプラスチックを加工する３Ｄプリンターもあり、ロボットの設計変更にすぐ対応する。

「ちょっと詳しくは言えないな。競争相手がいるから」。米ＩＴ大手アマゾンなど、ライバルの名を挙げてプラットが口ごもったのは、別の簡易版ロボットを五年後に市場投入する計画。台所に据え付けて、アームで物を運ぶようなタイプを想定する。

トヨタとロボットのつながりは深い。人と共生するパートナーロボットを二〇〇〇年代から開発し、バイオリンを弾いたり、リハビリを支援したりするロボットを実用化してきた。ＴＲＩで開発中のロボットは、トヨタが静岡県裾野市で計画する新技術の実証都市「ウーブン・シティ」に導入される。

「ギル、人は車を愛車と呼んで大事にするけど、愛がつく工業製品は他にはない。違いが分かるかい」。四年半前、プラットは、初めて会ったトヨタ社長の豊田章男（63）に聞かれて、気付いた。

「機械が人の力を高めてくれる時に、人は生きがいを感じ、その機械を愛するんだ。人の代わりになるんじゃなくてね」。人に生きがいを与え、愛されるロボット。実用化まで残された時間はそれほど多くない。

4 強みの「安全」を極める

午前二時半、目覚ましが鳴った。身支度をし、愛車のトヨタ自動車「プリウス」に乗る。渋滞前のベイブリッジを渡り、米西海岸サンフランシスコへ。スマートフォンのアプリを起動して「さあ仕事だ」。

スーダン出身のカリッド・ジー（50）は、米配車サービス大手リフトの運転手。アプリで依頼が入ると、指定場所で客を乗せる。客はアプリで運賃を支払うが、自分の画面に表示されるのは、リフトの取り分を除いた受取額だけ。差し引かれる金額は運賃の25％とされるが「もっとリフトに取られている」と不満顔だ。

月の稼ぎは五千ドル（約五十五万円）程度。ほかに仕事はなく、家賃など物価が高いサンフランシスコ周辺で妻と子ども二人を養うには心もとない。「リフトも（以前、運転手をしていた）ウーバーも、俺たちから稼ぎを奪うだけ。休んでる暇なんかないよ」。利益優先のビジネスモデルに、恨み節は尽きない。

米国の配車サービス市場をほぼ独占する両社。昨年相次いで株式上場したが、決算は赤字が続く。ジーのように不満を抱く一部の

配車サービス大手リフトの運転手カリッド・ジー＝米シリコンバレーで

運転手が労働組合を結成。会社に最低保障を求める訴訟を起こし、対応費用などがかさんでいるからだ。こうしたトラブルを避け、経営を軌道に乗せるために両社が命運をかけるのが、自動運転の配車サービス。運転手に頼らないビジネスモデルの確立を目指す。

　実用化に向けた実証試験は米国各地で進む。南西部アリゾナ州。最大都市フェニックス郊外の街チャンドラーで二〇二〇年一月半ば、記者がリフトのアプリを開くと、自動運転車による配車サービスの案内が表示された。米ＩＴ大手グーグル系の自動運転開発会社ウェイモがリフトに技術提供し、昨年始めた実証サービスだ。

　万一に備え運転手は同乗するが、限定エリアでシステムがすべての運転操作をする「レベル４」の技術。夕方、町外れの倉庫街に行くと、ウェイモの車両センターから、米クライスラーのミニバンをベースにした自動運転車が次々と街中に向かった。一八年に地元住民限定で始め、段階的にサービスを拡充してきたウェイモ。一九年後半から一部住民限定で、運転手が同乗しない完全無人サービスも始め、一歩リードする。

　米部品大手アプティブ（旧デルファイ）も、自動運転技術をリフトに提供し、米ラスベガスで配車サービスを展開。記者が利用

車両センターに並ぶウェイモの自動運転車＝米アリゾナ州・チャンドラーで

すると、大通りだけだが、独BMWのセダンをベースにしたレベル4の自動運転車が渋滞の中でも、交通の流れに応じスムーズに走行した。米ゼネラル・モーターズも、自動運転開発のスタートアップを買収し、先端技術を手に入れている。

先行するライバルに対し、トヨタ自動車は、米シリコンバレーの研究開発子会社「トヨタ・リサーチ・インスティテュート（TRI）」が自動運転技術の開発を加速している。ウーバー・テクノロジーズには一六年以降に少なくとも計九億ドル（九百九十億円）を出資。運転支援システムの提供を計画するなど、シェアリング（共有）ビジネスのノウハウ蓄積も始めている。

「いい実験をしているね」。TRIの最高経営責任者（CEO）、ギル・プラット（58）は、ウェイモの自動運転技術を評価しつつ、焦りは見せない。トヨタには毎年一千万台の車を生産してきた実績があるのに加え、人の運転をサポートして事故を回避する独自システムを開発できる技術的な強みがあるからだ。

MaaS（マース、移動サービス）専用車両として開発する自動運転レベル4の電気自動車（EV）「e—Palette（イーパレット）」によるサービス開始は、二三年ごろを予定する。実用化でライバルに後れを取ることになるが、高い品質の移動サービス展開にこだわる。「安全が一番のゴールだ」と言い切るプラットに迷いはない。

PICK UP　MaaS（マース）

自動車メーカーは単に車をつくり、売るという従来型のビジネスモデルからの転換を迫られている。背景には、移動の手段や方法を組み合わせて新たな価値やサービスを提供する「MaaS（マース）」と呼ばれる概念の広がりがある。

「モビリティ・アズ・ア・サービス」の略で、狭義には、公共交通機関と車、自転車などのシェアを組み合わせ「目的地まで移動すること」自体をサービスとして提供することを指す。環境問題や渋滞解消に力を入れるフィンランドが発祥で、定額でさまざまな移動手段を検索して利用できるスマートフォン向けアプリが二〇一六年から運用されている。

ただ、日本ではもう少し広い意味でMaaSが捉えられることが多い。自動運転技術や配車サービスなども活用し、過疎や高齢化が進む地方での〝足〟の確保や観光振興などを目的に、交通システムを変革、最適化して社会課題の解決も目指す考え方だ。

いずれにしても、移動手段の主流だった「マイカー」の所有は減っていく方向にある。自動車メーカーは危機感から、あるいは新しい車の使い方を模索する前向きな戦略から、MaaS事業への参画を目指す。他の移動手段も巻き込んだMaaSのためのプラットフォーム（基盤）構築を競う動きも活発になっている。

トヨタ自動車は一八年、ソフトバンクと共同で、自動運転の車を使った新しい移動サービスの事業化を目指す「モネ・テクノロジーズ」を設立。発表会見でトヨタの豊田章男社長は「まだ見ぬ未来のモビリティ社会を現実のものにするための提携」と強調した。

トヨタは同年、単なる自動車メーカーから、誰もが自由に移動できる社会の実現を目指す「モビリティカンパニー」への変革を宣言。新会社設立もその一歩だ。米ウーバー・テクノロジーズやシンガポールのグラブ、中国の滴滴出行（ディディ）といった世界の配車サービス大手にも相次ぎ出資し、協業の手を広げている。トヨタが開発中の自動運転の電気自動車（EV）「イーパレット」による移動や配送のサービスは、静岡県裾野市に建設する次世代技術の実証都市「ウーブン・シティ」でも展開する予定だ。

モネにはホンダやマツダ、スバル、スズキなど他の自動車メーカーも出資。日産自動車はディー・エヌ・エー（DeNA）と組んで無人送迎サービスの実用化を目指している。

一九年末からの新型コロナウイルスの世界的拡大で、国や地域をまたぐ人の往来は大きく制限される状況が続く。だが個人個人は「密」を避け、効率的な移動を志向するようになったこともあり、MaaSの社会実装に向けた取り組みは着実に前進している。

三井不動産は二〇年末、東京都内の一部のマンション住民ら向けにタクシーやバス、カーシェア、シェアサイクルなどのサブスクリプション（定額利用）サービスを開始した。モネも二〇年以降、オンライン診療や買い物支援などと組み合わせた新たな移動サービスの実証実験を、浜松市や広島県東広島市などの自治体と連携して進めている。

MaaS (Mobilty as a Service)

広義のMaaS

移動手段の最適化で、社会課題解決を目指すサービスや考え方

自動運転、デマンド交通などの活用により…

- 過疎地などの交通利便性向上
- 観光サービスとの一体化
- 宅配や買い物代行による生活支援 など

トヨタ自動車が開発中のモビリティサービス用の自動運転EV「イーパレット」

MONET

MONET TECHNOLOGIES INC.

「モネ・テクノロジーズ」
ソフトバンクとトヨタが2018年に共同出資して設立。後にホンダやマツダ、スバル、スズキなども出資

狭義のMaaS

複数の移動手段を組み合わせて提供するサービス

経路検索・予約・決済までワンストップ

5　未完の街　ウーブン・シティ

不安げな男たちが、壇上のトヨタ自動車社長、豊田章男（63）を見上げていた。トヨタの東富士工場（静岡県裾野市）。二〇二〇年に工場を閉鎖し、東北の工場に生産移管することを発表した一八年七月、現場で社員から「東北でまた車を造っていきたいが、家族のことを考えると一緒にいけない」と本音をぶつけられた豊田が口を開いた。

「この工場はこれからの五十年、未来の車造りに貢献する聖地になる。自動運転のような新しい技術の大実証実験都市『コネクテッドシティ』に変革させる」

豊田にとって、米ゼネラル・モーターズとの現地合弁工場やオーストラリア工場に続く閉鎖の決断。それぞれ、米テスラと提携した電気自動車（ＥＶ）の共同生産（後に提携解消）、販売店向け教育施設と、従業員や地元の思いに応える跡地活用を示してきた。五十年を超える東富士工場の歴史を意識した言葉で約束したのは、トヨタの未来をかける新しい挑戦だった。

とはいえ「これはまだ構想段階」と自ら語ったように、自動運転やロボットなど、トヨタが手がけるあらゆる技術を実証するコネクテッドシティの具体像はまだ見えていなかった。

具体化に向け一九年春、豊田はあるデンマーク人とひそかに接触した。男の名は、ビャルケ・インゲルス（45）。米ニューヨークの第二ワールドトレードセンター、カナダ・バンクーバーの高層ビル、レゴの企業ミュージアムなどを手がけてきた世界的建築家だ。

「世界はいつも変化し、進化している。そして今、空想から現実になりつつある新しい技術に、われわれがどう適応し発展していけるのか。街の規模でやるからこそ、技術による相乗効果を見極められるんだ」

そう語るインゲルスと豊田はすぐに意気投合。先端技術を手がける米研究開発子会社「トヨタ・リサーチ・インスティテュート（ＴＲＩ）」の意見も聞きながら、時に会議室で、時に豊田が運転するスポーツカーで議論を深めた二人は今年初め、米ラスベガスにいた。

世界中から最新技術が集まる世界最大の家電ＩＴ見本市「ＣＥＳ」。トヨタの記者発表会場には、富士山を背景にした朝焼けが映し出されていた。そこに、事前に参加が公表されていなかった豊田が登場。「富士山のふもとにある工場の跡地で、未来の実証都市をつくります」。鮮やかな演出で宣言した。

豊田とインゲルスがたどり着いたのは、人やあらゆるモビリティ（移動手段）、建物が、網の目のように織り込まれた道でつながる街「ウーブン・シティ」。トヨタが、あらゆる

「ウーブン・シティ」のイメージ＝トヨタ自動車提供

移動サービスを手がける「モビリティカンパニー」になるためのデータを集める。

舞台で握手する二人を、TRIの最高経営責任者ギル・プラット（58）が関係者席から見つめた。「今すべての研究領域でテストする場所が求められている。ウーブン・シティでは、インフラにセンサーを埋め込んで、人々がわれわれの研究パートナーとして暮らす。まさに生きる実験室さ」

会見で握手する豊田章男(左)とビャルケ・インゲルス

自動運転技術やロボットを実証するだけではない。例えば、センサーで人の健康状態を把握して健康診断や治療を促したり、恋人との会話から最適なプレゼントを選んだり、人工知能（AI）が暮らしに介在するのをどこまで許容できるかも検証する。プラットは「どんな技術が人の暮らしを素晴らしいものにするのか。どんな製品を手にしたら、人は生きがいを感じるのか。これを知るには人を深く理解する必要がある。それこそ、TRIの目指すゴールなんだ」と語る。

二〇年三月二十四日にはNTTとの協業を発表し、未来の街づくりは大きく動き始めた。

「ウーブン・シティが完成することはない」

豊田がインゲルスとの議論で語った言葉が意味することは、先端技術を巡る終わりなき戦いだ。

番外編　不屈のシリコンバレー

技術開発の最前線として第三部で取り上げた米研究子会社「トヨタ・リサーチ・インスティテュート（ＴＲＩ）」のある米シリコンバレーは、新型コロナウイルスの感染拡大で二〇二〇年三月半ばから外出禁止が続いていた。現地を一月に訪れた記者が、会員制交流サイト（ＳＮＳ）などで現況を取材。見えないウイルスとの闘いは、スタートアップの聖地にも影を落としつつあるが、未来への挑戦は続いている。

「在宅勤務にした以外は仕事に大きな影響はない」。ヤフー創業者らが出資する産業用ロボット向け人工知能（ＡＩ）ソフトウエアの開発企業「オサロ」で唯一の日本人技術者、河本和宏さん（32）が語る。渡航制限のある国でのシステム立ち上げの遅れが出始めたが、ソフト開発のスピードは維持しているという。

産業用ロボット向けソフトウエアについて議論する河本和宏さん(右)＝米サンフランシスコで

日本の大学院で機械工学を学んだ後、ロボット技術者が集う現地コミュニティーに参加したきっかけで入社した。新型ウイルスは、米経済に相当な打撃を与えているものの「スタートアップで働くのはリスクじゃない。事業が失敗しても、次の職場では実績として評価される」と不安はない。

その根底には失敗しても、次は成功確率が上がると見なすシリコンバレーの気風がある。起業の際、投資家や弁護士が無償支援するのは当たり前。報酬は成功した後に株などで受け取る。そうして、米国のスタートアップ投資額（二〇一八年で十二兆六千億円）の五割以上が、このイノベーションの聖地に集まる。同時に新技術の発掘、研究開発のため世界中から大企業も集結。日本からは同年に過去最多の九百社を超えた。

デンソーは一一年に進出。日本からの出向者のみだった当初はスタートアップ出資が年一件に

デンソーのシリコンバレーオフィス＝米サンノゼで（いずれも2020年1月）

届かなかった。そこで投資経験の長い現地人材を採用。一七年以降は六件以上と出資を伸ばし、トヨタに一部技術が採用されるなど成果を上げる。ただ、現地出資担当の岩田義人さん（40）は「投資マインドは間違いなく冷え込んでいる」と気をもむ。

手袋のように装着して文字入力できるキーボード、紫外線で自動除菌できる魔法瓶――。二〇年一月、中心街にあるスタートアップ製品の販売店「ｂ８ｔａ（ベータ）」は、世界をリードする技術とアイデアであふれていた。それは、〇〇年のＩＴバブル崩壊や、〇八年のリーマン・ショックなど、投資が減退する危機を何度も乗り越えてきたシリコンバレーの底力でもある。

日本貿易振興機構（ジェトロ）サンフランシスコの樽谷範哉次長（44）は「過大評価される企業が多かったが、本当に顧客が欲しい製品やサービスを開発するスタートアップには今後も投資が集まるだろう」と分析。リーマン後に資金調達して急成長した民泊仲介「エアビーアンドビー」（〇八年創業）などを例に「こうした危機の最中でも投資を受ける企業は、十年に一度の企業に成長する可能性を秘めている」と強調した。

記者コラム 3

曽布川 剛

2020年1月、トヨタ自動車が、新技術の実証都市「ウーブン・シティ」構想を発表した家電IT見本市「CES」。米ラスベガスの会場で、取材対応を終え、メディア向け懇親会に参加していたTRIのギル・プラットCEOが、記者に話しかけてきた。「今日の発表、率直にどう思った?」

日本ではなく、IT大手ひしめく米国で発表したインパクトは大きい──。拙い英語でそんな答えをした覚えがある。さらにTRIがあるシリコンバレーに後日行く予定があると言うと、オフィスへの訪問を快く承諾してくれた。

ウーブン・シティでの実証も見据えたロボット技術の開発現場を中心に見学。技術や利益が優先されがちなシリコンバレーに身を置きながら、トヨタ入社前から「人中心」を重視してきたプラット氏のルーツに迫ることもできた。

同氏が心揺さぶられたという、聖光寺(長野県茅野市)の松久保秀胤住職にも9月、直接話を聞いた(第7部参照)。「トヨタの頭脳」として自動運転技術開発を引っ張るプラット氏と、交通安全を担う自動車メーカーの責任を説く松久保氏。意見が分かれそうな二人が、互いの言葉に感銘を受けていたことは、特に印象深かった。

思えば、CESやTRIを取材したのは、新型コロナウイルスが現地でまん延する直前。サンフランシスコで出会ったスーダン出身の運転手カリッドは、配車サービス需要が落ち込み、家族を養えているだろうか。以前は頻繁に日本に来ていたプラット氏も今は米国に留まり、研究開発を続けているようだ。記者に語った、人々の暮らしを安心安全、もっと便利にする技術の実現が、待ち遠しい。

TOYOTA WARS 第4部

東北の原動力

東日本大震災の翌年に生まれたトヨタ自動車東日本が主舞台。グローバルに新発売したトヨタの世界戦略車「ヤリス」の生産を始め、今やトヨタを支える重要な小型車生産拠点にまで成長した原動力は何か。新型コロナという新たな危機を迎える中、東北の地でのものづくりの軌跡を伝える。

第4部

1 東北支えた復興　新たな危機

赤、白、グレー、時には青と白のツートンカラー…。まだ寒さの残る二〇二〇年三月末の岩手県金ケ崎町。東北唯一の完成車メーカー、トヨタ自動車東日本の岩手工場では、最終検査を終えた小型車「ヤリス」が次々と生産ラインを巣立っていった。

小ぶりながら引き締まった車体から躍動感が伝わる。国内で長年親しまれた「ヴィッツ」を全面改良し、二月にデビューしたばかりの世界戦略車は、早くも月間販売目標の五倍を受注する人気を集めていた。

「あのときは、おぼろげにしか見えていなかった東北の未来が現実になってきた」。工場の報道公開とともに開催された、生産開始を祝うラインオフ式。トヨタ自動車社長の豊田章男(64)は、従業員や地元関係者らを前にこうあいさつした。

◇

「あのとき」とは、ほかでもない一一年三月十一日。東北地方をマグニチュード(M)9・0の巨大地震と大津波が襲った日のことだ。壊滅した町、がれきの山…。直後に被災地

ヤリスのラインオフ式後の記者会見で、東北復興への思いを話すトヨタ自動車社長の豊田章男

入りした豊田は「ものすごい無力感を感じた」と振り返る。そして「ものづくりを通じて東北の復興の力になれればと思った」と。

東北地方を小型車生産の拠点とし、愛知と九州に次ぐトヨタの第三の故郷にする――。岩手県や宮城県に拠点を持つ関東自動車工業やセントラル自動車などトヨタの生産子会社三社が統合し、震災の翌年に発足したトヨタ東日本。同社は、車づくりを通じて東北の復興に貢献するという使命を背負ってスタートした。

トヨタ本体出身で東日本の初代社長を務めた会長の白根武史（67）は、震災の後に豊田から呼ばれ「（統合作業を）前倒ししてくれ」と言われたことを今も鮮明に覚えている。「てっきり震災の影響で延期するのかと。社長の東北への思いがびしびし伝わってきた」

その震災から九年が過ぎ、二〇年三月二十七日に行われたヤリスのラインオフ式。この日が選ばれたのも、豊田らの特別な思いがあってのことだった。

ヤリスが実際に国内で発売されたのは一カ月以上も

トヨタ東日本岩手工場の生産ライン

さかのぼる二月上旬。あえて時を待ったのは、式典前日の三月二十六日に、震災復興をうたう東京五輪・パラリンピックの聖火リレーが被災地・福島県をスタートする日程があったからだった。

式典会場のスクリーンに自らヤリスを運転する映像が流れた後、豊田は「ヤリスは私の愛車です」と語り、快適な乗り心地と厳しいコスト管理が求められる小型車づくりの壁を乗り越えたトヨタ東日本の労をねぎらった。

同席した岩手県知事の達増拓也(55)も「今日は地元にとって特別な日になった。震災以降のトヨタグループからの支援は大変大きなものだった」と感謝を述べた。ハイブリッド専用小型車「アクア」やスポーツタイプ多目的車(SUV)「C―HR」などのヒット車も、復興の道を歩む東北の地が生んだものだ。

「一過性ではなく、復興には長い時間をかけて継続する支援が必要」と語っていた豊田。その言葉どおり、トヨタ東日本の一九年の車両生産台数は震災のあった一一年から一・六倍となる四十万台超に増加し、トヨタの「国内生産三百万台体制」の一翼を担っている。一一年に五百億円程度だった東北地方でのトヨタの出荷額は、部品生産なども含め八千億円にまで拡大した。

だが、この復興の地にまた新たな試練が訪れた。

「ここから世界へ発進するヤリスの門出を、もっと多くの方に見守ってもらえるはずだった」。豊田は式典で、思いを込めた祝辞のほかに、こんな言葉で悔しさをのぞかせた。

会場に集まったのは当初予定を下回る百人程度。出席者は一定間隔で引かれた白線に従って距離を保ち、マスク姿で立ち並んでいた。

三月になり、世界中で感染が拡大しはじめた新型コロナウイルス。未知のパンデミックは、すでに五輪と聖火リレーを延期に追い込み、グローバル経済をのみこもうとしていた。式典後、豊田は表情を引き締めて言った。「今度は新型コロナに打ち勝たなければならない」

2 「からくり」成長の秘けつ

手のひらに乗るほどの細長い金属片がシュッと滑り台を降りていく。着地した先では、それを工作ロボットのアームが間髪入れずにつかみ上げ、より大きな部品に組み付けていった。

岩手県金ケ崎町にあるトヨタ自動車東日本の工場の一角。サスペンション関連の部品を生産するこの工程には、同社が取り組む「からくり」が生かされている。

「金属片が滑り落ちていくところは動力源を使っていない。部品それ自体の重さで滑り、電力や人手を省いている」。トヨタ東日本会長の白根武史（67）が熱っぽく語った。

震災復興で「東北の人々の熱意」に突き動かされたトヨタ東日本会長の白根武史

単なる部品の移動という付加価値を生まない工程を、究極まで洗い出した結果だ。

　東北地方を襲った東日本大震災の翌年、二〇一二年七月に発足した同社。トヨタ本体出身で初代社長となった白根が推し進めてきたのが、からくりをはじめとするこうした地道な改善だった。

　きっかけの一つは、トヨタ本体と東日本との規模やマンパワーの違いを痛感したことだ。「大きな投資をして精鋭部隊がどんどん効率化していくトヨタ本体のようなことは、ここではできない」

　その代わりに、各工程の現場に主導権を握らせ、自分たちで使う設備や道具の改善を促した。「与えられた図面より、自分たちの知恵を出したほうが現場の人間にとっては面白い。うまくいったら表彰もした」と白根は言う。

　自ら生産ラインを改善することで、現場に芽生える自信と当事者意識。それは一人一人が担当

トヨタ東日本の宮城大和工場では随所にからくりが施されている

を超えて工程全体を考える風土を生み、「小型車の製造コストが高い」と言われたトヨタの体質改善につながっていった。
「なんでこんなにがむしゃらにと思うほど、東北の人々の熱意はすごかった」と白根は振り返る。その訳は、親しくなった取引先などの話を聞いて分かったという。「実は震災で家族を亡くしたと打ち明ける人が少なくなかった。そこから立ち直ろうというのが源泉だったんだろう」

トヨタ東日本の宮城大和工場（宮城県大和町）で働く丹野翔太（26）は、トヨタが震災後の一三年に設立した企業内訓練校トヨタ東日本学園（同県大衡村）を経て入社した。出身は津波で甚大な被害を受けた同県石巻市。もともと車好きだったことに加え、「地元の復興に貢献したい」という思いで進路を決断したという。

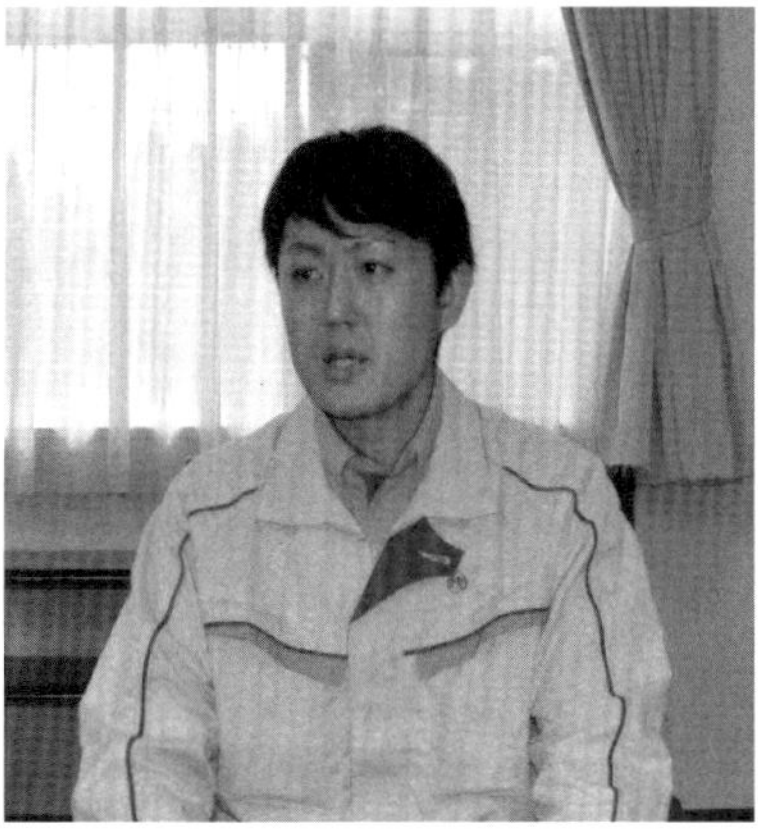
トヨタ東日本学園を卒業した丹野翔太

からくりに代表される「カイゼン」と復興にかける東北の熱意がかみ合って迎えた震災十年目。だが、新型コロナウイルスの感染拡大が、その先行きに影を落としている。

世界的な需要の急減で、トヨタ東日本の工場でも二〇年五月に稼働を一時休止した。六月には、デビューしたばかりの世界戦略車「ヤリス」のラインも六日間止まることを余儀なくされる。
「危機が迫ったら、煙をいかに察知するかが重要だ」。

一台をつくるのに三万点もの部品を集める車づくりの世界。大震災直後、東北に出向いて復旧対策の指揮を執った経験もある白根は、この部品調達網が乱れる兆しを「煙」と呼び、今回も緊張感を高めている。

「常に在庫の少ない筋肉質な体制にしておけば、すぐにアラームが出て足りないものが分かる。そうすれば、皆で対策を打って煙のうちに消し止められる」。稼働休止中には塗装工程などで通常できない細かな清掃も徹底し、再開時の生産性向上に努めていくという。

震災、復興、そして新型コロナ…。危機を乗り越える努力に終わりはない。

3 地場メーカーと二人三脚

「ヤリス&ゴー　やりたいことへ、走り出そう」――。赤と黒の鮮烈なツートンカラーの商品ポスターが、本社玄関に堂々と張られていた。東日本大震災で死者と行方不明者が四千人近くに上った宮城県石巻市にある東北電子工業。メード・イン東北のトヨタ自動車の「ヤリス」には、県内のグループ企業を含め、室内灯などの内装部品やハイブリッド車（ＨＶ）用の電池パックを供給している。

「工場で造りやすくするため、図面の段階から現場の思いをフィードバックするようにしています」。ヤリスの発売から間もない二〇二〇年三月下旬、東北電子社長の渡邉篤（51）は、生産に使う金型を設計開発する工房で、部下を交えてトヨタ自動車東日本の担当者とカイゼン（改善）の議論をしていた。

二〇年は創業四十年の節目。これまで二度の危機を乗り越えてきた。最初は〇八年秋のリーマン・ショック。当時、半導体などの電子部品が専門だったが、円高の打撃も加わり、経営危機に直面した。「海外に出るか、事業をやめるか。そこまで追い込まれた」と渡邉。近隣には閉鎖、縮小する工場もあった。

「廃業」の二文字も頭をかすめたこの時期、転機が訪れた。「自動車部品はできますか？」。宮城県の産業担当者から問い合わせがあった。トヨタが東北で増産に乗り出したHV向けの電池パックの仕事を打診された。「何でもつかみ取りたい思いだった」。渡邉に迷いはなかった。

トヨタの小型車「ヤリス」のポスター

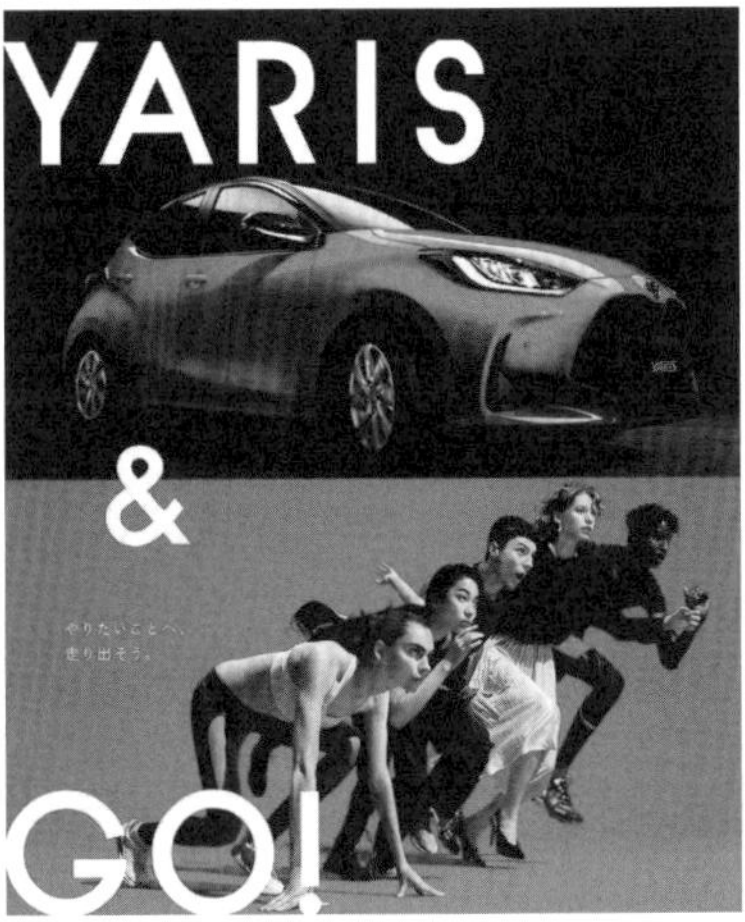

　生産準備にはノウハウを持つ老舗メーカーの小島プレス工業（愛知県豊田市）のグループが全面協力。量産前から無駄を徹底的に洗い出すトヨタ流は、立ち上げ後に品質やコストを固めていく電子部品とは別世界だった。部品を手で組むのか、設備を入れた方が効率的か。不良品の原因は工程のどこにあるのか。一つ一つに関所を設け、部品供給網全体で知恵を絞り出すトヨタ生産方式。幹部は「（トヨタ生産方式という）言葉は知っていたが、衝撃的だった」と振り返る。

だが、事業が軌道に乗った直後、震災が襲った。工場は津波を逃れたが、社員二人が犠牲に。自宅を失った人も少なくなかった。

そんな中、社員の心の支えとなっていたのは、仕事だった。トヨタ社長の豊田章男（64）は「東北が未来の日本を引っ張っていく地になってほしい」と願い、東北を小型車の拠点として強化。トヨタの主要取引先でつくる協豊会を含め、地場メーカーへの支援を継続し、企業内訓練校のトヨタ東日本学園（宮城県大衡村）は地元企業の若手も受け入れている。

トヨタ東日本は地場の仕入れ先を「パートナー」と呼び、「電話一本よりも面着」を心掛けてきた。新型コロナウイルスで面会の機会がそがれた今こそ、日ごろの信頼関係がものをいう。調達担当の中山裕太（45）は「部品の現地調達率も上がり、一緒にレベルアップしてきた」と胸を張る。

トヨタ自動車東日本で部品調達を担当する中山裕太らとカイゼンの議論をする東北電子工業社長の渡邉篤（左）＝宮城県石巻市で

パートナーの一つの東北電子工業は自動車分野への参入後、グループ全体の売り上げ規模が約三倍に拡大。今は自動車向けが売上高の七割を占める。グループの従業員は東北電子の四百人を含め、千人弱とほぼ倍増した。

ただ、東北の自動車産業がこの先も明るい保証はない。震災から九年余。今度は新型コロナで減産を余儀なくされている。トヨタ東日本会長の白根武史（67）は「（ものづくりによる）東北の復興は言うはやすしだが、やるのは難しい。競争力がなければ撤退しなければならない」と戒める。

過去の経営危機の経験から、その言葉の重みを理解する渡邉は、自動車分野に挑戦した十年間を「周りに助けられ、（会社を）つないでもらった期間」と感謝する。そして次の十年に向けた誓いを胸に秘める。

「より良い物を、より安く。次の十年で自ら提案できる会社にしていく。それが、恩返しになる」

番外編 「何か貢献を」 コロナ下に受け継ぐ心

トヨタ自動車が、二〇一一年の東日本大震災を機に、グループ会社、部品仕入れ先とともに取り組んだ、ものづくりを通じた復興支援。生産子会社「トヨタ自動車東日本」を、ヤリス（旧ヴィッツ）やシエンタなど人気小型車の生産拠点に成長させるだけではなく、支援の「心」を被災地に届ける活動でもあった。「ココロハコブプロジェクト」。そう総称された活動は今、新型コロナウイルス感染防止対策に受け継がれている。

「ココロハコブプロジェクト」のロゴ

「この車は、心配する家族とか、東北の人たちに心を運んでいる。あの時ほど、クルマが気持ちを運ぶ乗り物だと感じたことはない」。社長の豊田章男（64）は震災直後、支援物資を積んだ多くの車が被災地を目指すのを見た。その時の思いが、プロジェクト名に込められている。

トヨタは被災地で、車両の提供やチャリティーイベントのほか、グループを挙げて全国各地でさまざまなプロジェクトを展開した。中でも、ものづくり支援は、東北の雇用や競争力強化につながった。

それから時を経て発生したコロナ危機。トヨタは二〇年四月初旬、新型コロナの対応に追われる医療現場やマスクなど医療用品に対し、グループの総力を結集した支援を表明した。「自分たちの力で何か貢献できないか」。気持ちの根っこは、九年前の復興支援と同じだ。

トヨタ東日本が手がけるジャパンタクシーを改造した新型コロナの患者搬送用車両を、真っ先に東京都内の医療機関に提供した。

「必死に頑張っておられる医療従事者や保健所の方々を感染から守りたい」。同社会長の白根武史（67）は、シエンタを改造した搬送車を宮城県庁へ自ら訪れて提供。現場の要望を受け、より車体が大きいハイエースも活用するなど、車種や支援地域を徐々に広げている。

他にも豊田自動織機などによる医療用フェースシールド提供、デンソーやトヨタ紡織によるマスク生産、割安レンタカーサービスなどを展開。グループ各社それぞれが「自分たちにできること、得意としていることを、自分たちで考えてやろう」（トヨタ広報担当者）と工夫を凝らしている。

世界的な需要の低迷を受け、トヨタは六月も各工場で生産調整を強いられている。感染予防をしながらの通常業務と並行して進むプロジェクト。関わるメンバーらは、トヨタ

新型コロナウイルスの患者搬送用にシエンタを宮城県に提供した白根武史（左）＝２０２０年４月２４日、仙台市で（トヨタ自動車東日本提供）

ココロハコブプロジェクトの一環で2013年に開かれたトヨタ車展示イベント＝福島県郡山市で

グループが長年、ものづくりの力を磨いてきたからこそ、世の中の役に立てることに気づき始めた。「自分たちの強みとして、トヨタ生産方式（TPS）と原価低減の大切さを再認識する効果も出てきている」（同）という。ここ数年、企業体質を強くするため、豊田が口酸っぱく社員に徹底してきたことでもある。

五月半ばの決算会見。リーマン・ショック、大規模リコール問題、東日本大震災―。豊田は十一年間の在任中、いくつもの危機に直面しながら、国内生産三百万台体制を守り、ココロハコブプロジェクトの源泉となるものづくり力を維持してきたことを説明し、最後にこう強調した。

「私はトヨタを、世界中の人々から頼りにされ、必要とされる企業にしたい」

TOYOTA WARS

第5部

支援の形

新型コロナ感染拡大という未知の危機に直面する中、本業で減産を迫られながらも、お家芸「トヨタ生産方式（TPS）」の教えを胸に、国内外で異業種支援へ乗り出したトヨタの現場の人々を追いかける。

第5部

1 異業種支援　ものづくりを守れ

防護服プロジェクト（上）

「国難とも言うべき事態を乗り越えるため、まさに日本全体が一丸となって…」。新型コロナウイルスの感染拡大を受け、安倍晋三首相が緊急事態宣言を全国に広げる方針を打ち出した二〇二〇年四月十六日。名古屋市内の老舗かっぱメーカー「船橋」に、トヨタ自動車の作業着をまとった屈強な男たち八人が車で到着した。

「本当に来た！　アベンジャーズみたい」。入社三年目の大谷真奈美（24）は、アメリカ映画のアクションヒーローと、その一団を重ねて思わず声を上げた。

一九二一（大正十）年に創業し、パートを中心に約三十五人の従業員で業務用のかっぱやエプロンを製造してきたが、新型コロナで状況が一変した。

「病院で感染を防ぐ防護ガウンが足りない」。社長の舟橋昭彦（53）に、医療関係者から相談があり、かっぱのノウハウで試作したところ、国から大規模な増産を要請された。

だが自社では一日に五百着が精いっぱい。当時、ごみ袋に穴を開けて代用する医療機関もあった。舟橋が「生産が追い付かず、心配で寝付けない」と悩んでいたころ、トヨタの男性社員から一本の電話が入った。

◇

「どういった支援ができるか分かりませんが、一度、現場を見せてもらえないでしょうか」。四月十四日の朝だった。

「世界のトヨタがうちに来てくれるのか?」

電話を受けた舟橋は、半信半疑だった。

連絡のきっかけはその日の中日新聞朝刊経済面の記事。「裁断や輸送　協力募る」の見出しが、何かできないかと探し回っていたトヨタ社内の複数の人の目に留まった。

到着したトヨタの部隊は、各国で新工場や新型車の立ち上げを指揮してきたベテランばかり。舟橋は「どんな指導をされるのか」と身構えたが、彼らが最初に発したのは意外な言葉だった。

「作業を止めてご迷惑だと思いますが、一緒に手を動かしても良いですか」。トヨタのグローバル生産推進センターベスト技能推進室に所属する高松貞治（47）は、一緒にパート従業員の横に立つと、黙々と作業を始めた。

「自分でやって仕組みを理解しないと、物は言えない」と高松。中学を出て企業内訓練校のトヨタ工業学園に進み、現場一筋で腕を磨いてきた。「まず手を動かす」。体に染み付いた基本を実践し、すぐにトヨタ流のカイゼンに入った。

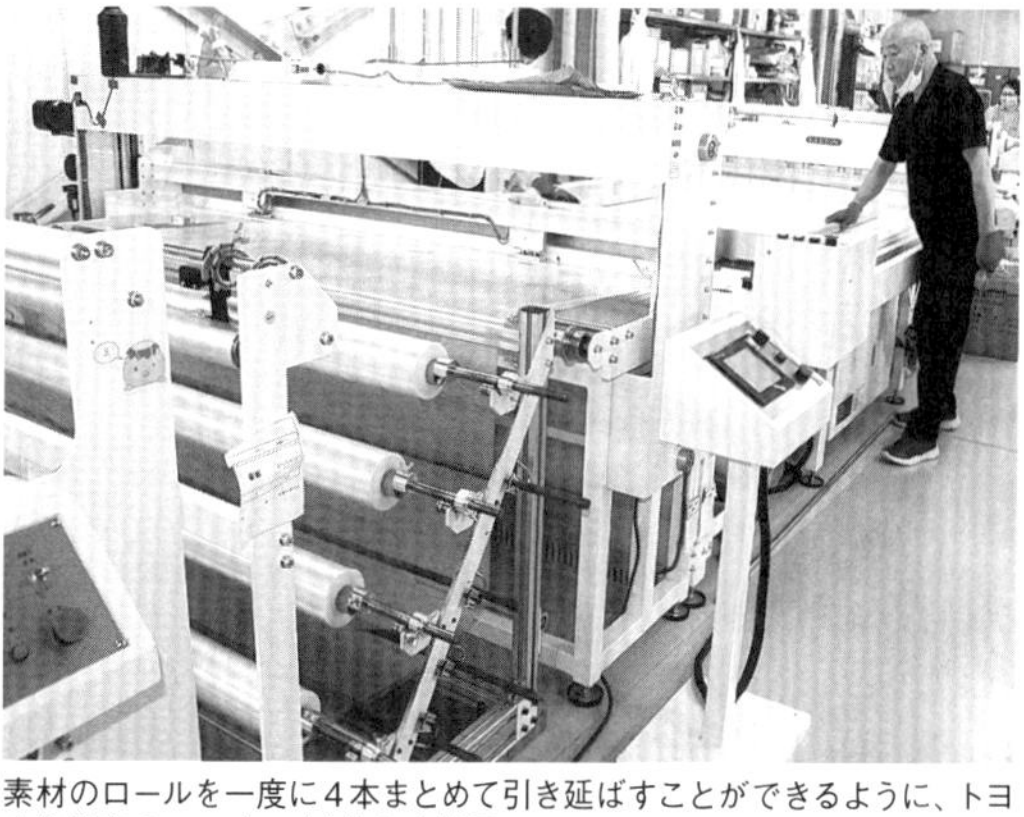

素材のロールを一度に４本まとめて引き延ばすことができるように、トヨタ自動車のメンバーが自作した装置

防護ガウンはポリエチレン製の使い捨て。作業はロール状の生地を延ばして同じ長さに切って重ね、機械でガウンの形状に裁断。袖の部分を熱や超音波のミシンで溶かしてくっつけ、異物の混入や破れをチェックしながら畳んで出荷する。

工程間の人やモノの流れを徹底的に分析し、最適なレイアウトに変更した作業場

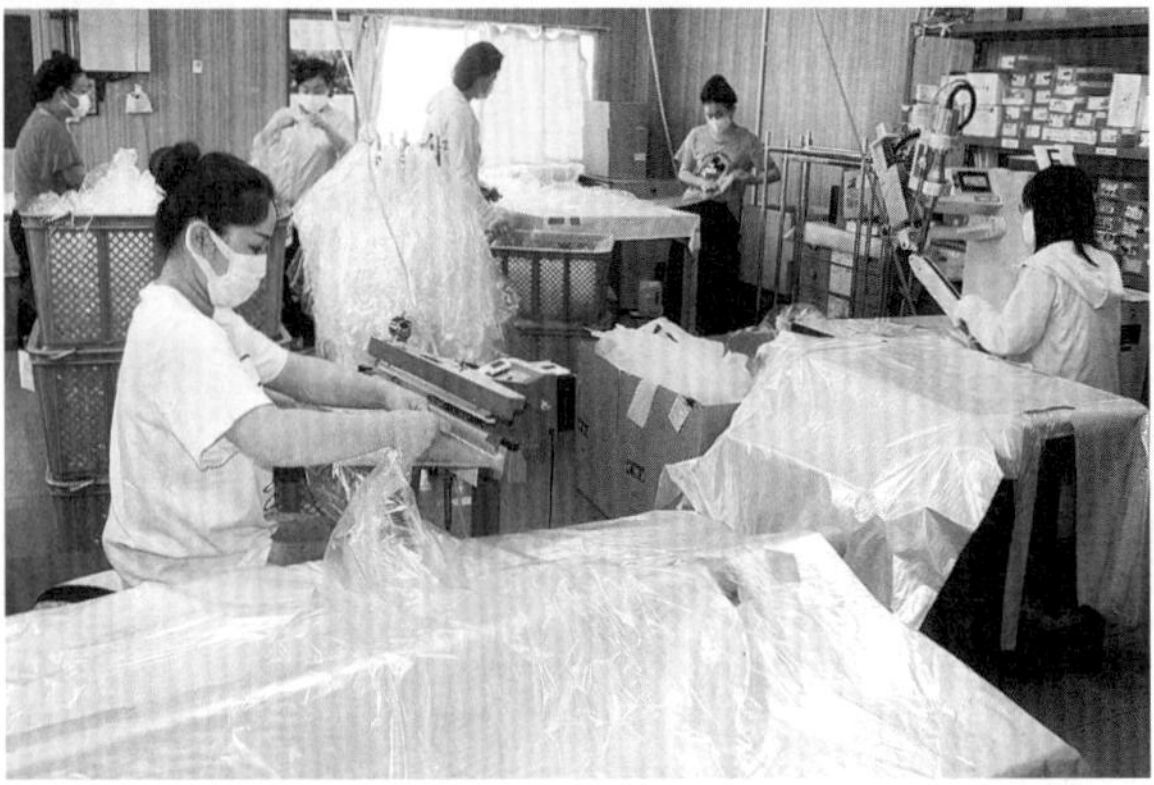

トヨタが最初に分析したのは、工程間のモノの流れだった。素材のロールをラップの要領で引っ張って重ねる作業の効率が悪く、後の工程の滞留を招いていた。一度に四本のロールを引くことができる装置を自作し、素材自体も一層から二層に変えることで、一気に効率を八倍に高めた。

各作業にかかる時間を計り、人海戦術の畳み作業を二人一組に改めるなど試行錯誤を繰り返した。人やモノの移動を削るため、工場内の配置を見直し、作業台の高さを従業員の身長に合わせて、作業のしやすさと疲れにくさを追求した。一日五百着だった生産量は、五月の連休明けには四千着に跳ね上がった。

米国や英国の工場の支援も経験してきた大日方《おびなた》誠（56）は「構造的な大きな変更をして、その後は細かな『一秒カイゼン』。トヨタでやってきたことがそのまま生きた」と振り返る。

ガウンの生産には、自動車部品や縫製など東海三県の中小

六社も協力を申し出た。トヨタがパイプ役となり、各社の強みを生かしたカイゼンを会議や日報、動画で共有。切磋琢磨《せっさたくま》して作業性を磨いた結果、七社連合の一日の生産量は、船橋単独だった当時の百倍の五万着に達した。

プロジェクトの先陣を切った船橋の作業場には六月、トヨタ社長の豊田章男（64）が駆けつけ、「世の中から感謝される良い仕事をされていますね」。従業員をねぎらうとともに激励した。

その豊田は船橋の支援に入る直前の四月上旬、マスクや医療関連用品の生産支援策を打ち出した自動車関連団体の記者会見で、こう発言していた。

「なぜ、つくれるのか。それは日本にものづくりが残っていたから。リアルなものづくりの現場は絶対に失ってはいけない」

世界的大企業のトヨタと、製造業を下支えしてきた船橋など中小七社との連携は、その誓いを果たし、ものづくりの現場を維持する闘いでもあった。

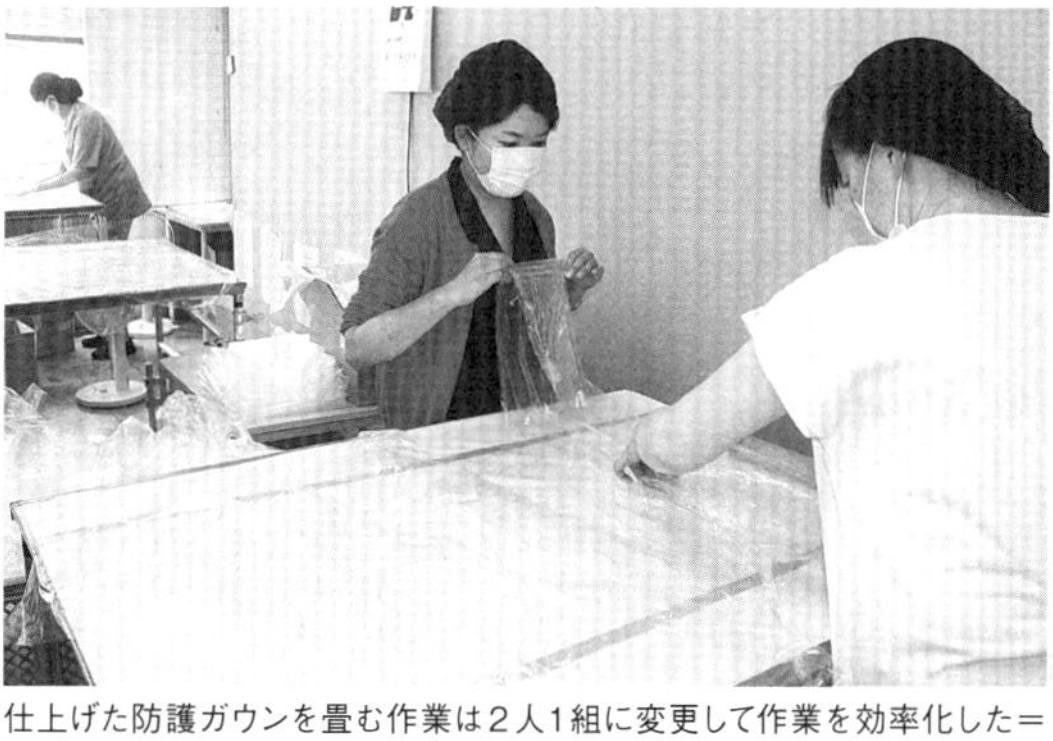
仕上げた防護ガウンを畳む作業は２人１組に変更して作業を効率化した＝いずれも名古屋市中村区の「船橋」で

2 七社の志　国内生産の死守

防護服プロジェクト（下）

「まずは記録する習慣づけです。どこが弱いか、どの時間帯が少ないか、分かってきます」

業務用のかっぱを手掛ける船橋（名古屋市）から、東海三県の中小ものづくり企業による「七社連合」に拡大した医療用防護ガウンの量産。トヨタ自動車の支援部隊の大日方《おびなた》誠（56）と高松貞治（47）は二〇二〇年六月中旬、岐阜市の縫製業「垂光《すいこう》」の作業場に掲げられた「生産管理板」と呼ぶ表をチェックしていた。

表は工程ごとに分かれ、人数や作業枚数、停止時間を一時間おきに記録する。生産が落ちた時間帯は「(生地の)ロール交換」「(別工程の)畳み作業応援」「シートずれ直し」などと原因を書き込んでいく。

「ムダ・ムラ・ムリ」を徹底的に省くトヨタ生産方式の基本手法で、垂光専務の大堀八馬《やつま》（42）は「改善の成果が『見える化』されるので楽しい。生産性は絶対に上がる」

「垂光」の作業場で生産管理板を見ながら専務の大堀（左）とカイゼンを話し合うトヨタ自動車の大日方（中）と高松＝岐阜市で

と言い切る。情報はトヨタが分析して七社で共有し、互いの作業を見学し合うなどして生産量を底上げしてきた。

かっぱ、自動車部品、縫製。七社連合は生産管理板をはじめとするトヨタ流のカイゼンを、本業にも取り入れ始めた。

「現場から『こう変えても良いですか？』と提案が出るようになった」。スポーツウエア生産「トーヨーニット」（三重県四日市市）でスイム事業統括部長を務める長谷川伸也（60）は、トヨタとの連携で、職場の意識が変わりつつあることを実感している。生産の悩みや設備トラブルがあれば、トヨタの担当者は休日でも駆けつけてくる。そんな姿勢を間近に見た長谷川は「トヨタのすごさは、話を聞く力。相談しやすい雰囲気づくりからカイゼンが生まれることを理解できた」と感謝する。

愛知、岐阜、三重の三県に散らばる各社を回り、後方支援してきたトヨタの部隊。最初の二カ月間だけで車の走行距離が四千キロを超えた高松は「海外工場の支援を含めても、ここまで中身が凝縮した経験はなかった」と話す。高松らがここまでがむしゃらに取り組む理由は、国内でものづくりの火を消さないためだ。

コロナ禍でも、年三百万台の国内生産体制の死守を掲げ続けるトヨタ。生産部門の「おやじ」として、その先頭に立つ執行役員の河合満（72）は言う。

「それ（国内生産三百万台体制）はトヨタだけではできない。部品メーカーやほかの製造業も、床屋さん、八百屋さんだって…。ものづくりの人材と地域の支えがあって、初めて守ることができる」

七社連合にとって防護ガウンは、生き残りを懸けた挑戦でもあった。各社とも本業では、技術と工夫によって人件費の高い国内で素材の加工から完成品まで手掛ける「一貫生産」を大切にしてきたが、感染症の拡大で受注は減少。海外の技能実習生も多く受け入れ、雇用の維持に必死だった。

　トヨタの大日方と高松は各社に通う間に「仕事や給与があることは当たり前じゃない。言葉の問題も大変。いかにトヨタは恵まれているか」と痛感した。そして、「井の中の蛙《かわず》の『トヨタばか』だった。ものづくりを考え直す貴重なきっかけになった」と口をそろえる。

　七社連合とトヨタは今、通気性と防水性の高さを両立する新作ガウンの開発を急いでいる。「完全国産」を売りに、新規事業に育てたい考えだ。

　プロジェクトのきっかけとなった船橋で生産現場を取り仕切る森貴司（55）は「トヨタは競争の激しい自動車で国内生産三百万台を

7社連合の顔ぶれ

	製造品目・業種	創業	トヨタ自動車から学んだこと
船橋（名古屋市）	かっぱ、エプロン	1921年	低姿勢で謙虚。自分で手を動かし、考える力（舟橋昭彦社長）
宝和化学（名古屋市）	自動車内装部品	1968年	効率面への意識とスピード感（落合徹哉社長）
フタバ産商（名古屋市）	シート類	2004年	設備など異常発生時の分析力と対応力（杉浦信樹社長）
碧海技研（愛知県高浜市）	自動車シートカバー	1973年	一日も早く、良い物を届けるために即、動く姿勢（中村昭次社長）
岡川縫製（岐阜市）	縫製	1959年	品質へのこだわりと生産性向上のノウハウ（岡川恵朗社長）
垂光（岐阜市）	縫製	1978年	何か問題が出たらその日のうちに解決する素早さ（大堀八馬専務）
トーヨーニット（三重県四日市市）	スポーツウエア	1895年	専門外の素材の物性まで科学的に追究する徹底ぶり（長谷川伸也部長）

守ると言っている。自分たちにも、できないはずはない」と前を向く。船橋は近年、生産の一部を中国やミャンマーに移してきたが、その戦略を見直すことを考え始めた。

3 即量産体制　改革生きた

医療用フェースシールド

次世代の生産技術研究や、部品の金型開発など、トヨタ自動車のモノづくりを支える「心臓部」でもある貞宝工場（愛知県豊田市）。この片隅で二〇二〇年六月初旬、新型コロナウイルスの飛沫《ひまつ》感染を防止するフェースシールドの量産が進んでいた。

紙やすりを手にした従業員が、金型から打ち出される樹脂部品の出っ張りを、黙々と丁寧に削り取っていく。

きっかけは米国拠点からの相談。「もっと、うまい作り方はないだろうか」。現地の感染急増を受け、3Dプリンターでフェースシールドの生産を始めたが、供給力が伸び悩んでいた。

「近い将来、日本も同じような状況になったとき、自分たちには何ができるか」。生産技術を生かした医療支援を率いるモノづくり技術開発部主査の長瀬雅人（52）は、当時の心境を振り返る。その日のうちに、3Dプリンターで試作し、樹脂のフレームを成型する所要時間が量産する際の課題だと突き止めた。

「これなら金型を造った方が効率が上がる」。金型の分野で三十年以上の経験を持つ空谷洋幸（56）は確信し、すぐに仲間と動いた。

通常の金型は、素材の調達から設計、完成まで短くても半月を要するが、平時からこの期間の短縮に取り組んでいた。本業では箱型の商用自動運転車「イーパレット」など次世代車の開発が本格化している。これらの試作を手際良く進めるため、鋼材よりも加工が容易で安価な亜鉛合金を使った試作用金型を開発してきた経験が生き、たった二日で専用の型を完成させることができた。

医療現場への聞き取りと試作を急ぎ、四月初旬には量産体制を構築。わずかな間に金型は三回、改良した。最初は金型から部品を手ではがしていたが、全てを自動化し、一度に作る数も増やした。

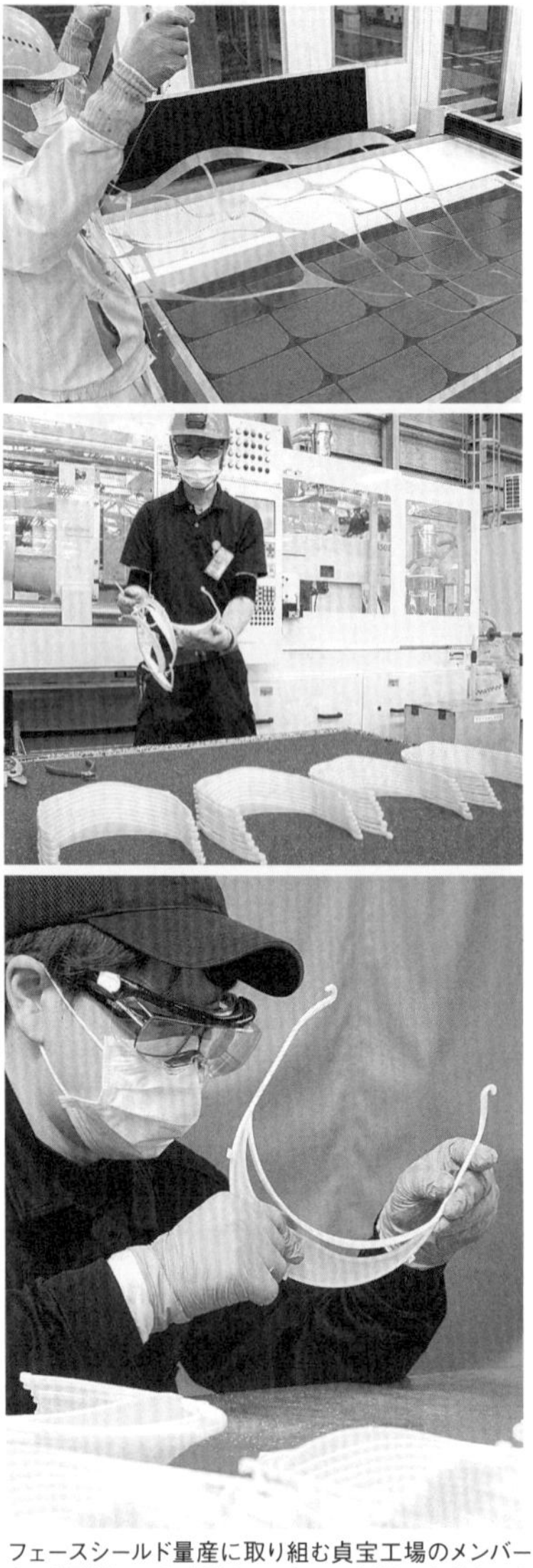
フェースシールド量産に取り組む貞宝工場のメンバーら。金型造りから成型まで、すべて内製で完成させた

医師らの使い勝手を考慮し、余分な樹脂を削ることで重量もほぼ半減させた。一日の生産量は当初の約五倍の四千五百個に伸びた。空谷は「今回の経験で（本業の）試作車のデザイン変更が来ても、素早く対応できる」と自信を深めた。

既に行われていた生産現場の組織改革もプラスに働いた。その象徴が一月に発足したモノづくり開発センター。試作と量産部門の壁をなくし、部署間で連携を取りやすくした。長瀬は「以前なら『どこの部署でやるの？』という議論から始まっていた。今回は細かい話は後回し。『よし、やろう』とメンバーが集まった」と説明する。

医療支援は社会貢献と同時に、若手の研さんの場にもなった。元町工場（同市）は車両のカーボン素材の製品を扱う部署が、顔を覆うシールド部分を担当した。高強度で透明度が高いポリカーボネートは初めて扱う素材だったが、失敗を繰り返して裁断機の刃の角度を微調整するなどして、品質と生産効率を高めた。

十分な在庫を備蓄できたため、フェースシールドの生産はいったん終えたが、自動車分野では今後、自動運転による車の形状の変化や軽量化など新素材の採用が確実視されている。

「次に本業で新しいことにチャレンジするとき、『あのとき、こうだったから、こうしてみよう』と考えることができると思う」。電気工事関係の仕事に携わる親の影響で機械いじりが好きになり、トヨタに入社した元町工場車体部の松井紀子（19）も、今回の経験で成長を実感した一人だ。

4 ライン進化のチャンス

減産期間の田原工場

トヨタ自動車の田原工場（愛知県田原市）は二〇二〇年七月上旬、新型コロナウイルスに伴う減産を脱し、挽回生産で活気づいていた。

「Ｏｎｅチームですごいラインを造る・育てる」

毛筆の横断幕が掲げられた一角では、トヨタの完成車工場では初となるハイブリッド車（ＨＶ）向け電池パックの製造ラインの準備が順調に進んでいた。工場の将来の「飯の種」と重視する新規分野で、生産開始が十月に迫る。バッテリー領域の経験が豊富で、仲間に「電池おやじ」と慕われる岡山真澄（63）は「このプロジェクトに限れば、コロナによる非稼働は好影響しかなかった」と胸を張る。

「ランドクルーザー」などの大型車や高級車「レクサス」を担う田原工場は輸出比率が高い。世界的な感染拡大の影響をもろに受け、四～六月に非稼働や夜勤の休止を迫られた。

「減産期間をうじうじしながら過ごすのか、今できることをやるのか」

岡山の思いに応えるように、海外拠点の支援任務が中止になった部隊などが加勢。車に色を塗る「塗装屋」など、畑違いの部署からも続々と手が挙がった。

一度、形にしたラインをばらして床を塗り直し、配線類も整理した。平常時は余裕がなく、後回しになりがちだが、労災事故や火災の未然防止に欠かせない作業だ。

同じころ、車両の生産を担う部門では、生産設備を自主点検するマニュアルを作成し、教育を進めた。本来は「保全マン」と呼ばれる専門部隊が担うが、自動化の機械が増え、人手が不足しがちだった。

車体の溶接などを担当する坂本桂一（40）は「非稼働の日程は事前に分かっていた。『今月はここまで進めよう』とメンバーから声が出た」と話す。保全が専門の野崎裕太（35）は「垣根を越えて保全の領域に入ってきてくれたおかげで、空いた時間で老朽設備を更新するチームをつくることができた」と感謝する。

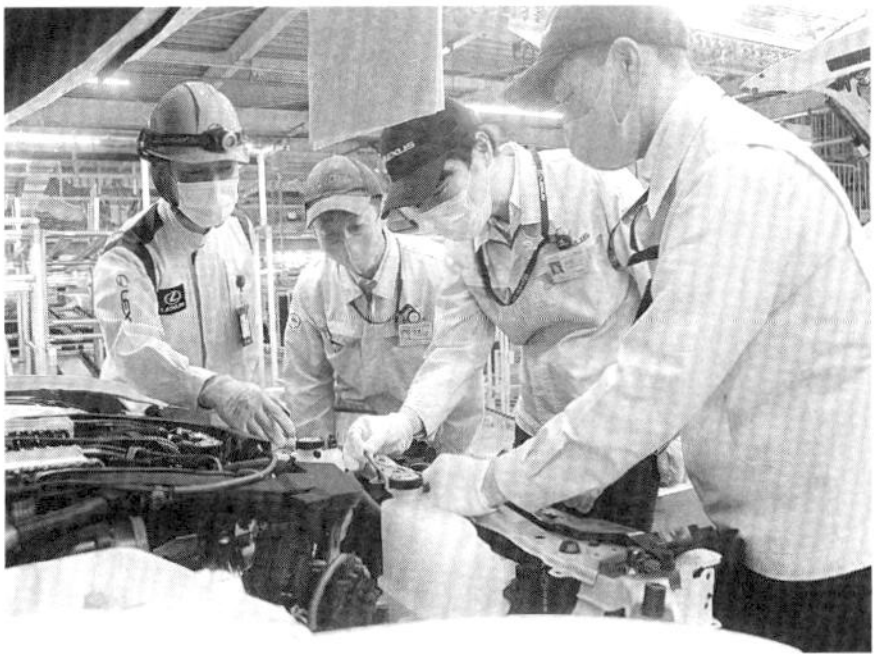

工程の無駄や作業のしにくさを洗い出す

生産設備の自主点検手順を学ぶ

ＨＶ用電池パック組み立てラインを整備する＝いずれも愛知県田原市で

日ごろの作業のカイゼン（改善）も徹底した。品質管理部の吉澤大輔（39）は「止まっているラインを歩き、部品の裏側まで観察するチャンスだ」と前向きに捉えていた。

各部署からメンバーが集まり、作業時の傷付けを防止する保護フィルムの過剰さや、エンジンに空気を取り込む装置のホースの構造変更など、三百六十件の提案が出た。吉澤は「いつか生産は戻る。そのときに前と同じではなく、もっと良い造り方をしたかった」と仲間の思いを代弁する。

地元出身の従業員も多く、地域との結び付きが強い田原工場は「世のため活動」と題し、従業員が小中学校、保育園の草取りや側溝の清掃にも取り組んだ。

こうした活動の報告を受けた社長の豊田章男（64）は、リーマン・ショック直後の社内と比較し、「こちらからやるべきことの優先順位を示さなくても、行動してくれるようになった」と変化を指摘する。

近年、生産台数が減少し、存続を危ぶむ声も出ていた田原工場は昨年、レクサス「ＮＸ」の生産ラインを自前で立ち上げ、車種の幅を広げるなど、工場全体で生き残りを懸けたプロジェクトを推進してきた。

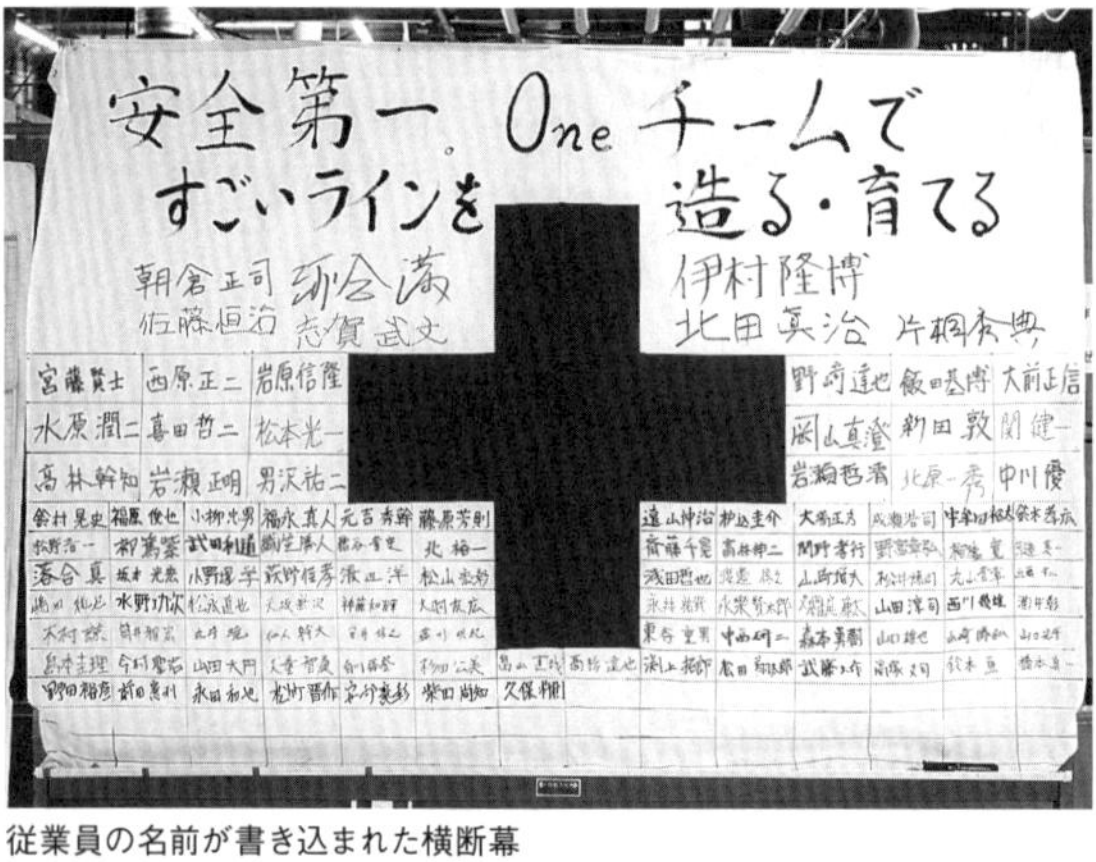

従業員の名前が書き込まれた横断幕

「自分から仕事を取りに行くというマインドがなければ、何かが起きたときに、ぱっと動くことなんてできない」。工場長の伊村隆博（62）はコロナ対応を通じて「これまでの地道な頑張り、チームワーク強化の成果が少しずつ出てきた」と、手応えを感じている。

5 帰国者の家路 守る使命

空港のレンタカー店

今になって振り返れば、最も忙しく、不安な一カ月の始まりを告げる電話だった。

二〇二〇年三月初め、羽田空港近くのトヨタ自動車のレンタカー店（東京都大田区）に勤める入社三年目の笠井彩花（25）が、電話口に立つと、相手は矢継ぎ早に質問してきた。

「乗り捨てはできるか」「燃料代の負担は」――。

普段はインターネット予約が多く、事前に電話してくる客はまれ。事情を聴くと、赴任先の米国で新型コロナウイルスの感染が拡大するのに備え、家族で帰国しようとしているという。

当時、帰国者は空港からの移動で公共交通機関の利用自粛が求められていた。慣れないレンタカー利用に不安を覚えての電話。「安心してご利用いただけるように」。笠井は利用手順を丁寧に説明した。

これ以降、欧米やアジアなど世界各地からの帰国者が日に日に増え、貸し出し対応する狭い店舗はごった返した。初めてレンタカーを利用する帰国者も多く、普段以上に説明に時間がかかって「何組手続きしても、終わりが見えなかった」。通常の車内清掃に加え、ハンドルやシフトレバーなどの除菌作業も二月から始めており、車両準備の時間は通常（十分）の一・五倍かかった。

感染防止のために密閉、密集、密接の「三密」を避ける対策がようやく知られ始めた時期。空港から店までの送迎車両を一台から二台にし、代表者だけを店内に誘導、家族らは店外で待機してもらった。受付カウンターや送迎車両には透明の仕切りをして飛沫《ひまつ》感染を防ぎ、清掃時に手袋を着用するなど、スタッフの感染予防策も迅速に導入した。

ウイルスという、見えない敵、不安との闘い。客の中には、空港で受けたPCR検査の結果が出る前に帰宅し、後に陽性が判明したケースが二件あった。そのたび、対応したスタッフ数人は一週間の自宅待機になったが、通常の五割増しの人数で対応し乗り切った。

「マスクのみで対応しているメンバーも多く、大きな不安の中、お客さまのために日々頑張ってく

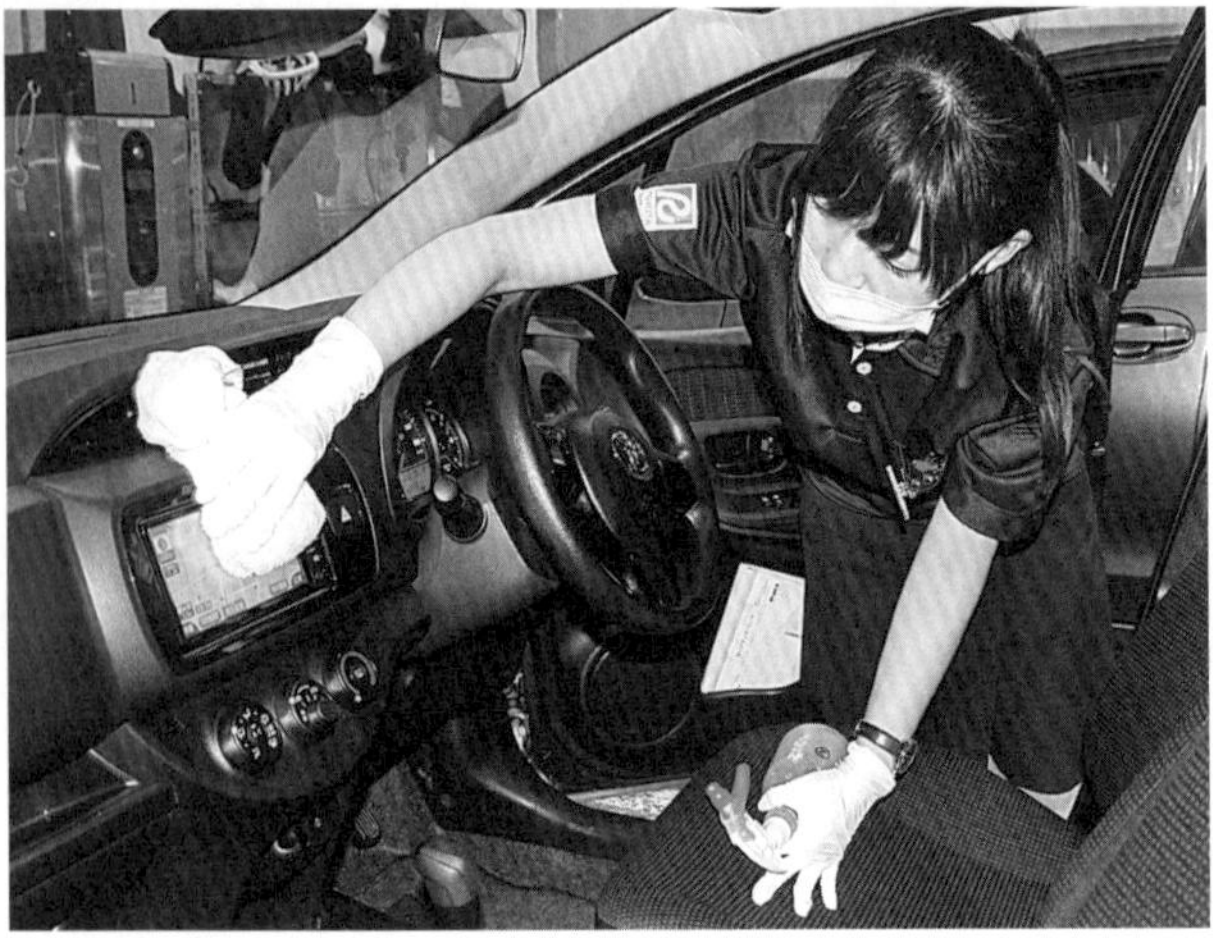

感染対策を徹底するトヨタのレンタカー店従業員

れています」。通常、一日に七十ほどの対応件数が倍増し、忙しさのピークを迎えていた四月十日、トヨタ自動車社長の豊田章男（64）が、自動車関連団体の会見で、笠井らの働きに触れた。

豊田の言葉に「勇気づけられた」という同店では、トヨタグループの連携で届いた防護ガウンを送迎ドライバーが着用するなど、利用者の安心とスタッフの安全を再度徹底。遠くは、長崎県まで帰宅する客を送り出した。幸いこれまで計二十三人いるスタッフに感染者は出ていない。

「われわれが営業を続けないと、帰国者の移動手段がなくなってしまっていた。安心安全な車を提供し続けるのが使命。みんな帰国者のためを思って闘った」。現場リーダーの行延《ゆきのぶ》達弥（42）が仲間をねぎらう。

帰国者の波が消えると、五月には通常時の三分の一ほどに利用者が落ち込んだ。緊急事態宣言の解除後はビジネス客などで回復してきてはいるが、訪日外国人がいつ戻ってくるのか、先は見通せない。

ただ、不安な日々を仲間と乗り越えた行延は「この店は、観光やビジネスの玄関口。さまざまなお客さまに柔軟に対応できる態勢でお迎えしたい」と決意を新たにする。二一年冬、一・五倍の対応スペースがある近隣の新店舗に移転する。運営会社「トヨタモビリティサービス」（東京）は、レンタカーやリースだけでなく、トヨタの新たな移動サービスを提供する役割も担っている。新店舗が利用者でにぎわう日々を見据え、感染予防を徹底した対応が続く。

6 「自給自足」社会に還元

マスクやベッド生産

「マスクの調達は大丈夫なのか」。二〇二〇年三月二日、トヨタ自動車グループ、デンソー（愛知県刈谷市）の役員会。新型コロナウイルスの感染拡大でマスクの入手が難しくなり始めていた。電子部品の生産など一人一日五枚のマスクを使う現場がある同社で心配の声が上がった。

社内に在庫は十分あったが、確保できなくなれば生産に支障が出る。「自前で作れないか」。生産担当の経営役員で「チーフ・モノヅクリ・オフィサー」の山崎康彦（56）に、役員の視線が集中した。

帰宅した山崎は、家にあったマスクをはさみで切ってみた。不織布を挟み込んだ三層構造に「これなら作れるな」と確信。翌日、自動車部品の生産技術に精通し、設備を設計・製作する七～八人に声を掛けた。

マスクの生産設備を見たことがなかったメンバーだったが、インターネットの動画などを参考に一週間で設計図を仕上げた。本社エリア中央にある「モノづくり棟」の一角、六十平方メートルほどをビニールで囲み、クリーンルーム化。不織布など三つのロール素材を引っ張り、折り目を付けながら重ね合わせ、鼻芯を挿入、超音波で溶着する専用ラインを設置した。

国内外のデンソーグループにマスクを届けるため、生産目標は一日十万枚に設定した。必要となるペースは〇・五秒に一枚と部品では経験のない速さだった。

耳に掛けるひもの縮れを含め、調達した中国製の素材は品質にばらつきが大きかった。ひもを引っ

トヨタグループ・ココロハコブプロジェクトの主な取り組み

デンソー	需給緩和目的にマスク生産
アイシン	簡易ベッド台、簡易間仕切り壁生産
豊田自動織機	医療用フェースシールド寄贈
トヨタ自動車東日本 トヨタモビリティ東京	患者移送用車両を提供
ジェイテクト	移動型PCR検査施設を提供
トヨタ紡織	マスク・フェースシールド提供
豊田合成	防護服、PCR検査車両を提供 牛乳・木工セットを購入し酪農・林業事業者支援
豊田通商 豊田中央研究所	小型空気清浄機を寄付

張り出すアームをひもの出口の〇・五ミリまで近づけるなどミリ単位で調整。ロール材を流したり接合したりする部品の生産技術を生かし、四月半ばから量産を始めた。

トヨタグループを挙げて医療現場などを支援する活動「ココロハコブ（心運ぶ）プロジェクト」の一環として、地域に出回るマスクを独占することがないようにスタートしたが、徐々に生産が安定し、六月下旬以降は工場近隣の保育園や福祉施設などに一部を寄付した。ライン設計図はトヨタグループで共有し、自給自足をグループ各社に広げた。

アイシン精機は、マスクに加え、五月から簡易ベッド台や簡易間仕切り壁を生産。医療現場などに提供している。

ベッド台については、一九六〇年代から二〇一九年まで生産したベッド事業に関わった十人ほどが再集結し、一カ月半で、折り畳み式で運びやすく仕上げた。家庭用ミシンを含め過去に手掛けて撤退した事業でも、基本技能を脈々と継承する習わし。コロナ関連の支援は一過性と見られがちだが、副社長の水島寿之（61）は「経営戦略の一環」と言い切る。

一九年春、非部品事業からの撤退を決断したのは、電動化や自動運転など、急速に進む業界の変革に、経営資源を集中させるため。同社は、進むべき道を探る闘いの真っ最中でもある。「社会に貢献するため車はどうあるべきなのか、部品メーカーも考えなければいけない時代。部品で社会の困り事を解決する発想に変わらないと生き残れない。コロナ支援も同じ発想。だから力を入れている」

デンソーもまた業界の変革に対し、競争力ある製品を次々に投入していくことが求められている。マスクのラインを立ち上げたメンバーは、人工知能（ＡＩ）などデジタル技術による新しいものづくりを模索する現場に戻った。

「結局、新しい技術を使う基盤になるのは、ものづくりの技術。今回は手でものをつくる大切さ、楽しさを改めて確認できた。短期間で必死になって考えた経験はまた次に必ず生きる」と、山崎は言う。

ガチャコン、ガチャコン。山崎の後ろで、ピストン運動するシリンダー音とともに、マスクが一枚ずつ流れていた。

デンソーは自前の設備でマスクを生産する

7 ランクルが運ぶのは命

アフリカ支援

土煙が舞い上がる岩肌むき出しのアフリカの道を、トヨタ自動車のオフロード車「ランドクルーザー」が走る。あちこちに穴があり、木が倒れていることも。野生動物に遭遇することもあり、運転は気が抜けない。

荷台には食料や医薬品が詰まっている。難民キャンプに向かう国連難民高等弁務官事務所（UNHCR）の車だ。

「ランクルでなければ行けない奥地もある。その車が止まれば、食料が止まり、ワクチンが止まり、人の命に関わる。命を運んでいるようなもの」。二〇一九年、トヨタからアフリカ営業業務を移管された豊田通商のアフリカ本部COO（最高執行責任者）、今井斗志光（54）が、現地事情を語る。

一日二ドル以下で暮らす最貧困層が四億人ほどいるとされるアフリカでは、国連や赤十字といった人道支援組織が物資を運ぶ。多くの場合、ランクルや「ハイラックス」といったトヨタ車が使われ、国連機関だけで五千台以上が走る。

コロナ禍でアフリカ各国は、外出制限を発動した。あおりを

「ウィズ・アフリカ　フォー・アフリカ」の理念で東京からオンラインで現地状況を注視する今井

受け、トヨタの新車販売は二〇年四月、前年比で七割減。ただその間も、六百あるトヨタ販売店は全土で営業を続け、修理や部品交換の要請に応えた。

「車が売れず苦しいが、人道支援のような必要不可欠な仕事は続けなければいけない」。アフリカの地で、トヨタ車は走り続けなければいけない責務を負うと自覚するからだ。

そんな状況を東京から見守っていた今井は四月末、トヨタ社長の豊田章男（64）から突然、電話を受けた。

「アフリカでは命に関わるライフラインを支えるトヨタの車がたくさんある。医療従事者に限らず、少し間口を広げた支援ができないかな」

支援拡充に向け、すぐ現地などの関係者と話し合った。フィルター類やブレーキパッドなどを国連機関に無償提供する活動を七月から始めた。

地域に根差した事業を展開してきた豊田通商も、今回アフリカの全五十四カ国の現場で、消毒液の生産など自主的な支援を展開した。

アフリカの未舗装路を走るランドクルーザー

今井は、アフリカ事業に三十年以上かかわる経験から、コロナ禍のアフリカ社会の苦境を一九九〇年代と重ね合わせる。「各地で社会主義政権が倒れて内戦が勃発し、社会全体が崩壊した。今も感染拡大で経済活動が停滞し失業が増え、貧困が拡大し、社会崩壊するリスクは高い」

だからこそ「命を運ぶ」活動を支える必要がある。「町いちばん」のスローガンのもと、地域で最も信頼されるブランドを目指し、六〇年代から車を販売してきたトヨタへの期待は高い。

「アフリカでのトヨタ車は、命を預けるパートナー。もともと信用が高い中で、信頼を裏切らないよう一貫してやる」と今井。命を支える闘いが、さらなる信頼につながっていく。

「あなたのために」視点が芽生えた
―「ココロハコブプロジェクト」大塚フェロー

新型コロナウイルス感染拡大に対し、トヨタグループによる支援活動「ココロハコブプロジェクト」を取りまとめたトヨタ・サステナビリティ推進室、大塚友美フェロー（51）＝写真＝に、活動を通じて感じたこと、いまトヨタに必要なことを聞いた。

―重視した考え方は。

「新型コロナは国難であり、世界で共通して直面する危機。ユー（あなた）のために、という視点が当たり前に芽生えた。強くなったトヨタがしっかりしなきゃという責任感もある」

―普段との違いは。

「通常時なら、これってトヨタがやるべきことなのか、（求められているのは）大した技術じゃないよねとか、議論だけして時間だけがかかっていたかもしれない。でも今回は技術を誇るためにやっているわけではなく、生活者の視点で何かお役に立てることがないか考え、実行していった」

―トヨタのサステイナビリティ（持続可能性）を推進する立場だ。

「放置した課題が現実になった時のリスクの大きさが、コロナ禍で明らかになった。『CASE』の時代を生き抜くため、私たち自身が変革して『モビリティカンパニー』に変わるのはリスクだが、お客さまに多様な方法で幸せをお届けするチャンスでもある」

―ダイバーシティー（多様性）に対する考えは。

「多様な人が生き生き働くことが、会社のサステイナビリティに関係する。異質な人から学べば、自分の価値観も変わる。今回は、国連の持続可能な開発目標（SDGs）に対する当事者意識も高まった。その達成には、相手のことを想像力を持って考えることが大事。普段からいろいろな人に接し、生活者目線で考える方が良い、という風土に会社を変えていきたい」

番外編 1 INTERVIEW ― 友山茂樹

TPS 危機で真価発揮

―友山茂樹執行役員に聞く

トヨタ自動車は、新型コロナウイルスが世界的にまん延する中でも国内外の生産体制を維持し、販売の落ち込みから素早く回復しつつある。生産を統括するチーフ・プロダクション・オフィサーの友山茂樹執行役員（62）＝写真＝は、「トヨタ生産方式（TPS）が真価を発揮するのは、世の中が大きく変化する時」と話し、社内共通の価値観であるTPSが、コロナ危機を乗り越えるための重要な要素だとの認識を示した。車とインターネットがつながるコネクテッド分野担当の立場から、モビリティ（移動）サービスのさらなる可能性も指摘した。

―コロナ禍の生産維持とは。

「感染者の状況、部品の状況を時々刻々と見つつ、売れない地域で在庫があふれそうな時は生産を落とすなど、きめ細かな調整をしている。例えば中国など回復が早い地域は、日本で生産した車を売るなどし、アジアで外出制限により仕入れ先が生産できない時は、日本で代替え生産してつないだ。苦しいながらも生産から販売へつなげた。でも一朝一夕にできたわけではない」

―なぜ可能だったのか。

「ウイルスという新たな敵との闘いに、『大本営』で情報を分析、会議して判断していたら遅い。現場が自立的に判断しても、経営のベクトル（方向性）とずれないのは、TPSがあるから。今回も現場が自立的に動いて、ラインを止めて代替え生産を手配した。報告も挽回計画も後回し。止めることが重要。TPSは異常を常に顕在化させ、徹底的に原因を追究し、改善したらまた動かしていいというおきてであり、作法だ。これが危機に対する強みになる」

「もともとTPSは変化に迅速、柔軟に追従していくための決めごと。収益力、開発力と一般的にいうが、それは結果で、そこに至るまでの仕組み、人材、風土の三つがそろう必要があると考える。そうでないと企業体質は強くならない。共通しているのがTPSという価値観だ」

―コロナ支援で、TPSが異業種で真価を見せた。

「これまでも農業などでやっているが、コロナという国民共通の脅威に対し、医療部門で信用されたことで、多くの人の共感を得たと思う。TPSがトヨタの工場のためだけではなく、日本の資産として重要なんだと広く認知していただいたのは価値がある」

「医療支援に出向いたトヨタ社員もTPSが異業種で通用したことを実感でき、非常にありがたかった。社内では、社長が音頭を取り、在宅勤務など働き方が変わった事技系（総合職）職場にTPSを広げる取り組みが始まった」

―コロナは、モビリティサービスの将来にどう影響するか。

「人やものの移動はなくならない。ライドシェア（相乗り）の需要が半減し、食事や物を運ぶサービスなどがより活発になっている。貨客混載サービスに焦点が当たるかもしれない。安全面も交通事故というだけではなく、感染防止も重視されてくるかもしれない。在宅勤務が家でできない場合、車の中でWi－Fiやパソコンを置ける環境も必要になる。看護師が検査に出向くなど医療向け移動サービスや、開発中の自動運転車『イーパレット』で、店に来てもらう発想のサービスも可能性がある。危機は危機だが、社会に貢献するチャンスが来ている」

友山《ともやま》 茂樹《しげき》

群馬大卒、81年トヨタ自動車工業（現トヨタ自動車）入社。常務役員、専務役員、コネクティッドカンパニー・プレジデント、ガズーレーシングカンパニー・プレジデント、副社長などを経て、20年4月から現職。

番外編 2 INTERVIEW ーヨハン・ファン・ゼイル／村上晃彦

まず社会貢献　西洋でも

ー欧州本部幹部に聞く

新型コロナウイルスの感染が拡大する中、トヨタ自動車の世界各地の現地法人は、その国の情勢に合わせて臨機応変に取り組んだ。中国に続いて感染拡大が早かった欧州での生産再開は、特に他地域のお手本になった。欧州本部のヨハン・ファン・ゼイル本部長（62）と村上晃彦副本部長（61）が、内幕を語り、「率先して社会に貢献するのがトヨタの哲学。西洋人の従業員にも根付いている」（ファン・ゼイル本部長）と明かした。

―欧州での経過は。

ファン・ゼイル「（二〇二〇年）二月にイタリアで感染が広がると、部品供給に影響が出始めた。各国の外出制限を受け、三月半ばにフランスの工場を止めた後、数日で全工場を停止。ディーラーのネットワークも止まり、四月は販売が八割減った。記録がある中で史上最大の落ち込みだった」

——従業員はどう動いた。

ファン・ゼイル「どう社会に貢献できるか率先して考えた。まずフランス工場が、医療現場向けフェースシールドを開発し、計七千個を寄付した。マスクも四十万枚生産した。英国ではタクシードライバーと客を隔てる仕切りを作り、世界中の工場に展開された。このように率先して社会に貢献するのが、トヨタの哲学。日本文化の一部でもあるだろうが、西洋人の従業員にも根付いている」

村上「こうしたトヨタの文化はとても強い。各国を訪問した印象では、イタリアのディーラーは、本当にトヨタの文化を理解している。長い歴史で、先輩たちが努力してきたたまものだ」

——危機への対処は。

ファン・ゼイル「最も大事なのはコミュニケーション。事務部門や技術者を含め三千人が在宅勤務になったが、連絡を密にすれば、誰もパニックに陥ることはない。最初に従業員に対してはっきりさせたのは、彼らを犠牲にはしないということ。ワンチームで、強い方向性を持ってこの困難を克服できると伝えた。これがきっと彼らに強さを与えた」

——生産再開への道は。

ファン・ゼイル「工場の再開は、（欧州では）四月下旬のフランスが最初。大きな決断だったが、労働組合や当局に説明しながら進めた。現場では一・五メートルの距離を取った仕事が求められたので、ラインを調整し、少人数で生産できるようにした。消毒にも多くの時間を要した。最初の三日間、新しい働き方に慣れることに時間がかかり、多く生産できなかったが、（現場観察を徹底する）『現地現物』でプロセスが動くことを確認した。それが安全の哲学。マクロン大統領から、良い仕事をしたと称賛され、再開に向けたアイデアは（フランスの）他の製造業者に活用された」

村上「再開数日前、経営陣も含め全員が工場で準備を始めた。すべてのプロセスをチェックし、安全を確認し決断した」

―ディーラーの対応は。

ファン・ゼイル「外出制限が出てから、素早くオンラインで車を買えるようにした。店舗再開前には、ネットで販促キャンペーンも展開。（トヨタの金融子会社の）トヨタファイナンシャルサービスの支援を受けるディーラーもあった」

―コロナへの対峙《たいじ》とは。

ファン・ゼイル「変革することでこの危機を克服できる」

村上「この危機がいつ終わるか分からないが、学び続けることはできる。毎日、毎週、毎月、その学びを蓄積していける。これは継続的な『カイゼン』と同じ。トヨタはいま学びを続けて、変わろうとしている」

ヨハン・ファン・ゼイル 本部長

南アフリカ・ポチェフストルーム大卒、93年南アフリカトヨタ自動車入社。02年社長。トヨタ自動車常務役員、アフリカ本部長などを経て、15年4月から欧州本部長兼トヨタモーターヨーロッパ社長。

村上 晃彦《のぶひこ》 副本部長

一橋大卒、82年トヨタ自動車工業（現トヨタ自動車）入社。常務役員、富士重工業専務執行役員、トヨタ専務役員などを経て、18年1月から東アジア・オセアニア・中東本部長、19年1月から欧州本部副本部長を兼務。

ファン・ゼイル氏は二〇二一年七月三十日、死去されました。ご冥福をお祈りします。

TOYOTA WARS 第6部

「豊田市モデル」の舞台裏

新型コロナウイルス禍で、フェースシールドや医療防護服などのコロナ支援に携わってきたトヨタ社員が、ワクチンを安心安全かつ迅速に市民に届けるために動いた。ヤマト運輸と豊田市、医師会とともに一から作り上げた集団接種システム「豊田市モデル」はどうやってできたのか。その舞台裏に迫る。

第6部

1 冷凍輸送技術が必要だ

新型コロナウイルスの収束が見えぬまま、二〇二〇年も終わりかけていた。新聞やテレビでは、ワクチン確保を巡る、政府と海外の製薬会社との交渉が報じられ、ワクチン接種が収束の切り札になると、誰もが感じ始めていた。

そんな二〇年十一月末、コロナ禍でさまざまな社会貢献をしてきたトヨタ自動車のカイゼン部隊も、新たな問題意識を抱え、動きだそうとしていた。政府が購入を決めた米ファイザー社製のワクチンは、マイナス六十度以下の超低温輸送が求められる。

「ちゃんと運べるようにしないと接種が進まないな」。そうつぶやいたカイゼンマンは、黙ってインターネットに向かうと、ある会社を見つけ出した。

駿河湾を望む、静岡県沼津市の高台にある、従業員三十九人の冷凍設備メーカー「エイディーディー(ADD)」。

「トヨタが、なんでうちみたいな中小企業に」。何か裏があるのではないかと感じながら応対した社長の下田一喜(66)に、カイゼンマンは、昨春から繰り返してきた言葉を切り出した。「私たちにお手伝いできることはありませんか」

◇

「これでは量産はできないな」。トヨタ自動車で「カイゼン部隊」を率いるグローバル生産推進センター（GPC）主査の鈴木浩（60）は、ADDの生産現場を目にして、すぐに感じた。

マイナス一二〇度まで冷やせる特殊な冷凍庫を手がける同社のコア技術を支えるのは、温度を下げるための部品、多段蒸発器だったが、一日の生産数は二台がせいぜい。五十七ある部品が工場のあちこちに置かれ、この道三十年の職人、佐藤健一（51）が行ったり来たりしながら、一人で全工程を担っていた。

中でも高度な技能が必要となるのは、フロンガスが漏れないように細い銅管をつなぐ、溶接の一種の「ろう付け作業」。手作業で佐藤しかできなかった。

トヨタの生産現場では、再現性が大切にされる。一人の職人に頼り切った体制では量産には程遠い。

鈴木は、医療従事者向け防護ガウンを手がける中小メーカーの増産支援に入った二〇年春のことを思い出した。「おせっかいは中途半端ではなく、徹底的に」

多段蒸発器を固定する治具について話すエイディーディーの飯田雅也（右端）、佐藤健一（左から２人目）、トヨタの鈴木浩（左端）、大谷良雄

思いを共有するカイゼン部隊はすぐに動き、元町工場（愛知県豊田市）の一角で、多段蒸発器を作ってみた。車両生産には、手作業でろう付けする工程はないため、接合技術に強みを持つ機械商社の進和（名古屋市）から指導を受けながら、メンバーの大谷良雄（41）らが挑戦した。

手先は器用な面々だったが、完成したのは「使い物にならない代物」（鈴木）。他の技術者が簡単にできない工程だと体感してから、職人である佐藤に、ろう付けに専念してもらう体制を目指すことにした。その人にしかできない技能に集中することを、トヨタでは「人間性の尊重」という。

二一年に入って大谷は一週間、ADDに泊まり込んだ。カイゼンのアイデアを出す前に、まず支援先の従業員と一緒に手を動かす姿は、防護ガウンの増産を支援した現場と重なる。「勝手なカイゼンは、改善ではなく、改悪になってしまう。生産工程に入れてもらい、教えてもらって、自分でやって初めてカイゼンできる」とベテランの鈴木は言う。

おせっかいは止まらない。元町工場に戻った大谷は、工場設備に使う端材を拾い集めて、ろう付け作業をしやすいように部品を固定する治具を作り

部品固定のために大谷が製作した治具＝いずれも静岡県沼津市のエイディーディーで

上げた。佐藤も「使いやすい」と笑顔を見せる。作業の難易度が下がったことで、佐藤以外でもろう付けができるようになり、生産性は二・五倍に向上した。さらに、冷凍庫メーカーの日軽パネルシステム（東京）と、サンデン・リテールシステム（同）とも提携し、一日最大で五十台の生産を目指そうと走りだした。

そもそも、ADDには下田が〇一年に創業した際の「少量でも他社とは一線を画した製品を出す」という挑戦魂が宿っている。現工場長の飯田雅也（44）らも、下田の心意気に引かれて入社した。さらに、半導体向けに開発したマイナス一二〇度の特殊冷凍庫を、海外技術に頼らず、「純国産」で培ってきたこだわりは、「国内生産三百万台体制」を守ってきたトヨタにも通じていた。

ワクチン輸送に貢献するとの目的で始めた支援だったが、カイゼン部隊は、従業員三十九人の小さな町工場のものづくりへの思いに逆に突き動かされた。

コロナ禍でフェースシールドや消毒液スタンドも作ってきた鈴木は「どんな職種でも、現場に入れば面白い。そこで与えられたテーマについて、自分なりに考えて、行動する。これがトヨタのカイゼンであり、人材育成」と語る。当初はトヨタのおせっかいに半信半疑だったADD工場長の飯田も「そこまでやってくれるのか」と信頼を寄せ、今ではカイゼンにのめり込んでいる。

二一年五月三十日から始まった豊田市内のワクチン集団接種会場に、沼津市から駆けつけた下田や飯田らのほほ笑む姿があった。

2 届けワクチン　宅配の技

愛知県豊田市内の某所。ヤマト運輸の配送センターの一角に、真っ白な四角い冷凍庫が二十五個、整然と並ぶ。中には新型コロナウイルスワクチンが、品質を保持できるマイナス六〇度以下で保管されている。

ここからヤマトは、集団・個別を合わせ約百四十ある豊田市の接種会場へワクチンを届ける。クリニックの休診日情報などに合わせて、配送ルートや日時を組み込む「バス停方式」と呼ばれる輸送システムで、接種三日前までの予約情報を基に、注射器など備品とセットにしたきめ細かい配送だ。これがトヨタ自動車とヤマトと豊田市の三者でつくり上げた集団接種システム「豊田市モデル」の根幹になっている。

首都圏や関西、愛知、岐阜など十都府県で二回目の緊急事態宣言が発令されていた二〇二一年二月。市の担当者や地元医師会を交えた初回の話し合いが開かれた。普段は世界中の生産現場を後方支援するトヨタの

ワクチンを集団接種会場に届けるヤマト運輸の配達員＝愛知県豊田市のトヨタ自動車TRECで

宮嶋伸晃（43）ら三人と対面したのは、物流大手・ヤマト運輸で配送サービスを企画する林昌弘（48）だった。

「ビジネスではなくて、ワクチンをいかに迅速に多くの人に届けるか、という観点から動こう」。安心安全なワクチン輸送の実現に向け一枚岩になるのに、時間はかからなかった。

一九八〇年代初めに宅配便専用車両を共同開発した歴史を持つ両社だが、今回の協力のきっかけは偶然だった。ワクチン輸送への貢献という山頂に向かってそれぞれ別ルートで上っていたら、八合目あたりで顔を合わせたような感じだ。

実はヤマトは三年前から動いていた。二酸化炭素（CO_2）中毒の危険もあるドライアイスを使わない超低温物流を研究し、冷凍設備メーカー「エイディーディー（ADD）」（静岡県沼津市）と協業を始めた。マイナス一二〇度まで下がる同社の冷凍庫で作る保冷剤は、ドライアイスの代替となる可能性を秘めていた。

一方、新たなコロナ支援を模索していた宮嶋らは二〇年十一月、独自にADDにたどり着き、冷凍庫の増産支援を始めていた。

時間はなかった。三カ月後に迫る接種開始に向け、豊田市モデルの具体化を急いだ。

この時、ワクチン輸送の明確な手順が国から示されていなかったこともあり、ヤマトには全国三百以上の自治体から、問い合わせが入っていた。

「接種会場ごとにワクチンを小分けする作業が負担になる」「クリニックの休診日に配送してもらっても、ワクチンを受け取れない」

治具に紙製ケースを固定し、ワクチンを小分けするヤマト運輸従業員＝愛知県豊田市で（同社提供）

そんな医療関係者や自治体職員の悲鳴を聞いた林は、通常の輸送ノウハウを応用し、きめ細かいルートを組み上げた。さらに温度など外部環境を調整できるヤマトの施設では、ADDの保冷剤を検証。輸送ボックスに七つの保冷剤を入れてマイナス六〇度以下を三十時間保ったまま配送できる仕組みをつくり、集団接種でのワクチン廃棄リスクをゼロにした。

配送拠点づくりには、宮嶋らトヨタのカイゼンマンが「おせっかい力」を発揮する。ワクチンを小分けする丸テーブルでは、五人のスタッフが、ワクチンの小瓶を紙製ケースに手際よく詰めるが、時折、ケースが滑る。それを目にしたカイゼンマンが、ケースを固定する治具の製作を提案し、三日後には丸テーブルに据え付けられた。林は「スピードが、われわれより格段に速い」と舌を巻いた。

関係者は週一回のペースで集まって報告しあい、カイゼンを繰り返した。

二一年五月半ば、初めてのワクチン出荷日の朝。配送拠点では、配送ボックスに収めたワクチンの温度が上昇しないか気になって、冷凍庫のそばで夜を明かしたヤマト従業員の姿があった。「トヨタと一緒にやることで、貴重なワクチンを扱う意識が高まったのかな」と林。協業のプラスアルファが生まれた瞬間だった。

3　築いたホットライン　即座の増床

目の前で、患者が苦しんでいる。新型コロナウイルス感染による肺炎の症状があり、呼吸も弱まってきていた。もちろん入院が望ましいが、十床しかない豊田地域医療センター（愛知県豊田市）のコロナ病床に、その時、空きはなかった。

二〇二一年一月半ば、市内だけで一日に二十〜三十人の新規感染者が出る、国内感染「第三波」の真っただ中。保健所に聞いても、受け入れ可能な病院は他にない。副院長の大杉泰弘（44）はやむなく、いったん帰宅してもらう決断をした。

「明らかに命が損なわれる恐れのある患者さんを、帰さざるを得ない状況は、初めての経験」。医療者としてつらかった。だが、患者に命の危険があれば、常に最善の行動で対処するプロとしての矜持《きょうじ》を、なくしたつもりはない。気付けば、電話を手に取っていた。「病床を増やしたいので、手伝ってもらえませんか」

電話を受けたのは、トヨタ自動車で、コロナ禍の社会貢献を指揮してきたカイゼンマン。受け入れ患者の五人増を目指し、翌日には、工場で人やモノの流れを良くするカイゼン部隊がセンターに入り、病床を隔離できる仕切りを設計。工場で使う部品棚の部材などを使い、おおむね五日間で設置を完了した。

「本当にあっという間にやってもらって、私たちも頑張ろうって思えた」。その間、看護部長の小川津代子（57）は、他の病気の入院患者を転院させ、コロナ病床向けに看護師を新たに十二人確保する調整に奔走していた。二月上旬、十五床への増床を間に合わせた。

「専門業者に頼んでいたら、二〜三カ月かかっていたでしょうね」。そう振り返る大杉が、トヨタのカイゼンマンとの「ホットライン」を築いたのは、二〇年三月にさかのぼる。

コロナ感染拡大に備え社会貢献を模索していた生産調査部の宮嶋伸晃（43）らは、センターにマスクを寄贈した際、いつものように、声をかけた。

「何かお困りごとはありませんか」

対応に追われていた病院側にとって、渡りに船の申し出だった。

一カ月後、PCR検査用に改造したバン「ハイエース」を貸し出した。さらに、発熱など症状のある人と、一般患者の動線を分ける仕切りなどをセンター内に設置。医師が防護服を着なくても、コロナ疑いのある患者を検査・診察できる透明ボードまで仕立てた。

防護服を着なくてもコロナの疑いがある患者を診察できる透明ボードの仕切りと大杉泰弘医師＝愛知県豊田市の豊田地域医療センターで

大杉は「医療者の心理的な安心につながり、病気の見逃しを防げる」と効果を実感する。センターでは、市内の濃厚接触者のPCR検査を一手に引き受けており、ドライブスルー検査が一日百件を超えることもあった。ここでもカイゼン部隊は、保険証の受け取り、コピー、検体採取など六つある工程にかかる時間を秒単位で管理し、15%近い陽性者への対応に医師が集中できる体制を整えた。コロナ病床を当初の二床から十床に増やすのも協力した。

一方、大杉らも、カイゼン部隊が名古屋市の中小メーカーと新たな防護服を手がけたり、足踏み式の消毒液スタンドを開発したりする際には、協力を惜しまなかった。診療を終えた午後十時から、カイゼン部隊が持参した防護服を試着した。

「夜遅くまで頑張っていただいて、コロナ禍を一緒に乗り切ろうとする気持ちは、全く同じ方向を向いていた」と大杉は言う。

十一月以降、トヨタなど民間企業が豊田市のワクチン集団接種に協力する「豊田市モデル」の構築に、地元医師会の立場で参加したのも自然な流れだった。

大杉は患者への対応を続けながら、関係者による週一回のミーティングやワクチン輸送拠点、準備が進む接種会場へ足を運んだ。カイゼン部隊と同じように現場を見て考える「現地現物」で、医師の立場から意見を言った。

「一日でも早く日常を取り戻すには、皆で何ができるか、ともに考えなければいけない」。二一年五月末にスタートした豊田市モデルのカイゼンは続いている。

4 トヨタ流　医師にも浸透

「医者がどんだけ偉いか知らないけど、責任者のあんたたちが、一番、現場のことを分かってなきゃいけないんだよ」

新型コロナウイルスへの対応で、豊田地域医療センター（愛知県豊田市）を支援していたトヨタ自動車のカイゼンマン・鈴木浩（60）がげきを飛ばした。

二〇二〇年八月、センター内では、コロナ患者のための増床支援だけではなく、鈴木らによる在宅医療のカイゼン活動が始まっていた。ただ遅々として進まない。

医師は、月延べ千二百件ある患者宅での診療やコロナ対応に追われ、カイゼン活動に多くの時間を割けない。指導を依頼した副院長の大杉泰弘（44）も、地元医師会の立場から「豊田市モデル」のワクチン接種の仕組みづくりに関わっており、忙しさはピークだった。

進まぬ原因は何か。鈴木らが職員に聞き取りをすると、見えてきた。カイゼン部隊から指導を受け、

在宅診療のルート図を前にカイゼンを検討する近藤敬太医師

現場の課題を洗い出してはいるが、実行する事務員の負担が増えるばかりで不満が生じていた。
鈴木の厳しい言葉は、在宅部門長の医師近藤敬太（31）らにカイゼンをやり抜く覚悟を求めるものだった。

現場でどんな困り事があり、どんなカイゼンをしているかを、リーダーたちが把握しながら一緒に進めるのがトヨタ流だ。近藤は「自分が責任者であることは分かっていたが、診療以外は任せきりだった」と反省した。事務員らが、在宅診療に必要な備品をそろえるバックヤードに足しげく通い、意識してコミュニケーションを増やした。リーダーと現場がかみ合いだし、カイゼンが徐々に進むようになった。

「予備がないと、何かあった時に不安」との理由で、事務所の棚には、ガーゼや注射器、医薬品など備品があふれていた。在庫や納品までの日数などを、一つ一つ調べ上げた。近藤自ら、深夜まで備品在庫を数えた。トヨタの工場で使う、サプライヤーへの部品発注書「カンバン」方式も導入。三つあった棚は二つになり、モノが散乱していた作業机も一つ減って、作業効率が格段に上がった。

さらに在宅診療のスケジュール管理のカイゼンにも着手した。三十二人いる医師の人とモノ、情報の流れを整理し、九つの訪問ルートを設定。分刻みで予定を管理することで、訪問先からセンターへの帰着時間が予定の十五分以内に収まるようになった。

副院長の大杉は、現在進行形の地域医療センターでのカイゼン活動について、他病院の医師などにも発信を始めた。医師らの会合にカイゼンマンを呼んで話してもらったこともある。

鈴木らによる半年のカイゼン指導が終わった二一年四月以降も、自前のカイゼン活動は継続している。五～六人のグループごとに、事務員なら一日に十分、医師、看護師は週に一時間と活動時間を決め、身の回りの整理整頓や、情報共有のための書式の統一など、誰でも効率的に仕事ができる「作業の標準化」に取り組む。

センターの駐車場には、「ＺＡＩＴＡＫＵ（在宅）」の文字が車体に書かれた訪問診療のための軽自動車がずらりと並ぶ。ドアを開けると、前席と後席を仕切る透明シートや、除菌効果のある空気清浄機がある。医師が後席でパソコン作業をしやすいよう、延長コードで電源を確保し、市販のビーズクッションに樹脂製パネルを取り付け、膝の上に置いて使う簡易テーブルも用意した。いずれも車両開発を担う「技術部」のエンジニアらの手仕事だ。コロナ禍での濃厚接触を避ける対策をカイゼン部隊から依頼された。

前席と後席の仕切りなど、濃厚接触を避ける対策を施した在宅診療専用の軽自動車。右下は、パソコン作業用の簡易テーブル＝いずれも愛知県豊田市の豊田地域医療センターで

国内で最大規模の在宅診療拠点である同センターは、二五年には在宅診療が月二千件まで増えることを予想する。大杉は「一つ一つのカイゼンは、少ない人員で、たくさんの患者を同じ質で診ることにつながる」と確信する。コロナ支援をきっかけにしたカイゼンが、日々の医療活動にも浸透しつつある。

TOYOTA WARS 第7部

究極の目標に向かって

交通安全をひたすら祈り続けてきた八ケ岳連峰の麓にある聖光寺の半世紀を振り返りつつ、交通事故ゼロという究極の目標に向かってまい進する車造りの最前線の取り組みを伝える。また、半世紀以上の歴史に幕を下ろした東富士工場の閉鎖から、常に前を向くトヨタの人々の思いをたどる。

第7部

1　事故ゼロへ　祈り半世紀／聖光寺（上）

鳥のさえずりが聞こえる静かな高原の寺に一年に一回、国内外からスーツ姿の男たちが集まる。その数四百五十人余り。黒塗りの車から降り立つと、数珠を手に神妙な面持ちで本堂に向かう。

長野県茅野市の蓼科高原にたたずむ聖光寺《しょうこうじ》。知る人ぞ知る、トヨタ自動車が交通安全に祈りをささげるためだけに建立した珍しい寺だ。毎年開かれる夏季大法要には、トヨタグループ各社や販売会社の幹部らが一堂に会する。二〇二〇年は創建五十年という節目。しかし新型コロナウイルス感染拡大のため、規模を縮小し、ひっそりと執り行われた。

「車によって、命を落とす方がいる。悲しい思いをされる方がいる。私たちはその事実から決して目をそらすことなく、車を造り、新しい技術を世に送り出します」。七月十八日、トヨタ社長豊田章男（64）の声が小雨の境内に響いた。

交通事故死はゼロ、さらに交通事故自体もゼロにせねばならない。カーメーカーとしての使命を胸に、より安全な車を造るため、半世紀にわたり祈り続けてきた。

豊田は続けた。「この世界から悲しい事故がなくなりますように、これからも私たちは願い続けてまいります。そして、もっと人々を幸せにする車を追求してまいります」

◇

時はモータリゼーション真っただ中。一九六五（昭和四十）年に名神高速道路が全線開通し、六七年に自動車保有台数は国内で一千万台を超えた。つられるように交通事故も増え、六九年には事故死者数が一万六千人を突破。「交通戦争」の様相を呈し、自動車産業に携わる人を「死の商人」と呼ぶ風潮さえあった。

「社会に利益をもたらしている自動車が、他面で種々の弊害をもたらしつつある。中でも交通事故の悲劇は都市から地方にまで及び、連日悲しいニュースに接することは、自動車に生涯を託してきた私たちにとって心中全く耐えがたい」

トヨタ自動車販売（現トヨタ自動車）社長として全国にディーラー網を築き、「販売の神様」と称された神谷正太郎（故人）が聖光寺建立を祝う場で述べた言葉だ。神谷は当時の状況に心を痛め、交通安全を祈る観音堂の建立を思い立った。

愛知トヨタ自動車社長の山口昇（故人）とともに、全国の販売店から資金を募り、私財も合わせ一億六千万円を投じた。「（祈るには）良い環境をつくることが、交通事故減少の最終条件になる」と考え、自然豊かで静かな蓼科の小学校跡地を選んだ。奈良・薬師寺の協力も得て、同寺の別院として七〇年七月、完成の日を迎えた。

メーカーによる善意の動きとはいえ、祈願寺の建立を後ろ向きにとらえる声も上がった。ある大手紙は「前現代的方法、非科学的な祈りで交通事故を絶滅させせようとする意図は計り知れない」とやゆし、地元ではトヨタに退去を迫るデモも起きた。

それでも建立の真意は時とともに理解されていく。支えたのは草の根の活動だった。地元有志が七一年に奉仕組織「聖光寺観音講」を結成。境内に植樹された桜三百五十本を手入れし、毎年満開となる五月の連休ごろには観光スポットとしてにぎわうようになった。七六年設立の観音講婦人部も、月法要に合わせた境内清掃や夏季大法要での食事提供を担った。ボランティアの中には、家族を交通事故で亡くした人もいた。

寺の実務を取り仕切る執事の小松優葩《ゆうは》（66）は、参拝に訪れる交通事故の被害者や加害者の言葉に耳を傾け、寄り添う。何のために祈るのか。時を経る中で「祈りとは、自分自身に言い聞かせて意識づけること。意識すれば運転も変わる」と思うようになった。

本尊の観世音菩薩《ぼさつ》は六世紀以降、シルクロードのオアシスにまつられ、

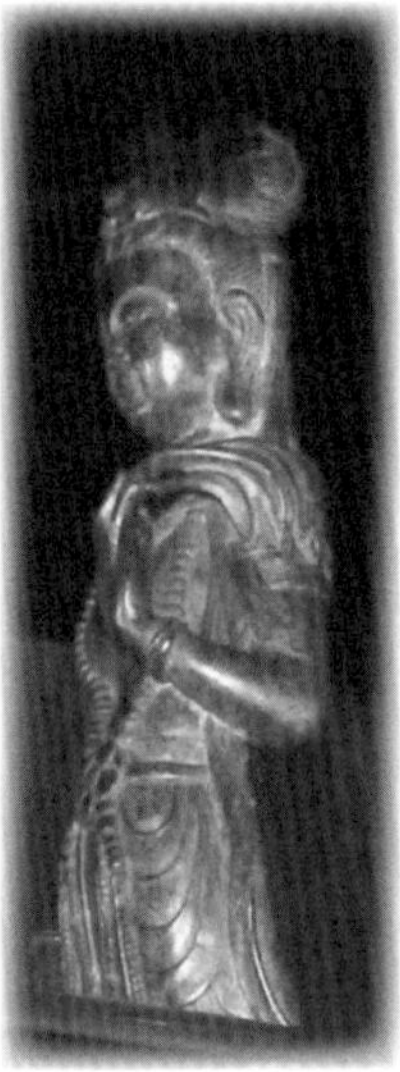

（右上から時計回りに）本堂の観世音菩薩　建立から半世紀を迎えた聖光寺の山門　山門の「一路安穏」のちょうちん＝いずれも長野県茅野市で

商人や僧侶が旅の無事「一路安穏」を祈願したとされる。創建時、レプリカ三百体が、ディーラーなどに配られ、全国各地で祈願を受けた。ディーラーを通じ運転者に渡ったお守りは百万個に上る。

二〇一九年夏の大法要には、マツダ、SUBARU(スバル)、スズキの幹部も参列し、技術や販売面から交通安全を考える「タテシナ会議」を初めて開催。メーカーの垣根を越えた一大行事となりつつある。

交通事故死者数は、建立の一九七〇年をピークに、二〇一九年は統計開始以来最少の三千二百人まで減少した。

二年前まで夏季大法要に必ず出席してきたトヨタ名誉会長の豊田章一郎(95)は、二〇年七月発行の寺の機関紙「やすらぎ」に新たな決意を寄せた。「まだ三千人も尊い命が一年で失われている事実は重く受け止め、あくまで交通事故死者数ゼロの車社会の実現に向け、取り組んでいく」

ゼロへの道は、まだまだ遠い。住職の松久保秀胤《しゅういん》(92)=薬師寺長老=は「より事故を少なくするために、祈りをより深くしなければならない」と口元を引き締める。

一時「交通戦争」 近年は減少

国内では戦後、自動車の普及に比例する形で交通事故の死者が増え、1970年は1万6765人に上った。ベトナム戦争での米軍の年間戦死者数に匹敵し、新聞紙上には当時の状況を「交通戦争」と呼び、警鐘を鳴らす記事が並んだ。

同年、国は交通安全対策基本法を制定。信号機や標識の増設、安全教育などの対策を進め、79年には死者がピーク時の半分に。88年に再び死者1万人を超えたが、90年代後半から減少が続いている。

2017年以降は3年連続で過去最少を更新。19年はピーク時の5分の1以下の3215人だった。近年は、死者のうち65歳以上の高齢者が5割以上を占め、歩行中、自転車乗車中に犠牲になる例が増えている。

車の安全性能向上により運転中の死者数は減少した一方、歩行中の死者の減少幅は小さく、08年以降は逆転。19年も東京・池袋で高齢男性の運転する車にはねられ母子2人が亡くなった事故や、大津市で園児ら16人が死傷する痛ましい事例が続いた。

交通事故死者数と、車を巡る動き

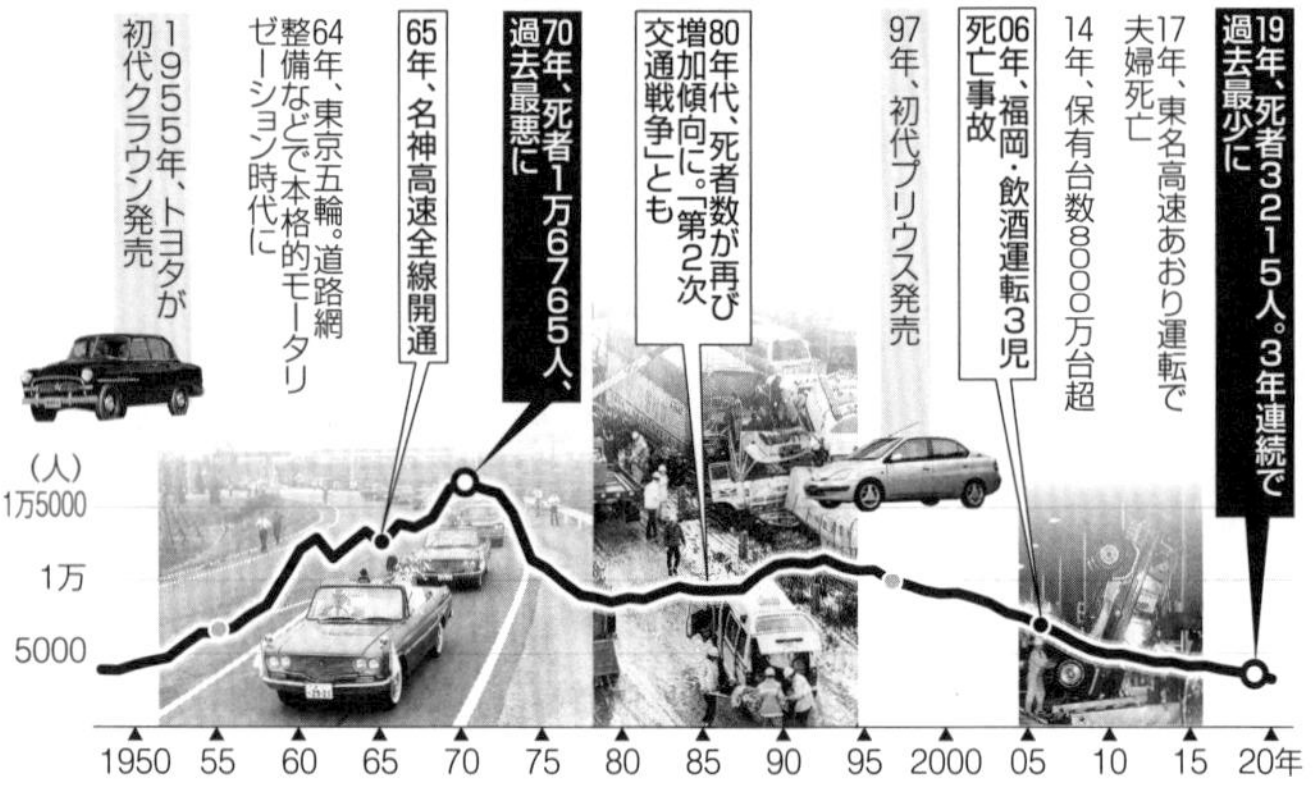

2 科学的な祈り　明確な目標／聖光寺（下）

鋭い眼光に、凜《りん》とした語り口。聞く者の背筋がピンと伸びる。

「人が交通事故に遭って亡くなる瞬間は、暗闇なのです。交通事故は（自分の死について）考える余裕すら与えられない。愛する人にさよならを言うこともできない」

トヨタ自動車が交通安全祈願のために蓼科高原に建立し、五十周年を迎えた聖光寺《しょうこうじ》（長野県茅野市）で、二代目の住職を務める松久保秀胤《しゅういん》（92）が参列者に向かい力を込める。毎年七月の夏季大法要で、トヨタやグループ会社、ディーラー幹部など国内外から集う約四百五十人を前に行う法話は、今や関係者の間で評判の夏の風物詩だ。

「メーカーの務めは、完全で安全な自動車を提供することであり、ドライバーの務めは、安全を常に心掛け運転すること。この二つが成立すれば、事故はないはず」「意識のない祈りに効力はない」。穏やかに、時に力強く、語りかける。

聖光寺創建50年について語る松久保＝長野県茅野市で

一九七〇年の聖光寺建立当初から関わってきた松久保は、大阪市に生まれ、十歳で奈良・薬師寺に入山した。寺の教えで、心のありようについて説く「唯識」の著書を持ち、全国で講義する。一九九八～二〇〇三年には薬師寺トップの管主を務めた。薬師寺に国宝として残る仏足跡や縄文文化の研究に没頭するなど、今でも探求心は尽きない。

簡易裁判所で調停委員を二十年務めていた経験もある松久保はユーザー側の視点にも立ち「決して交通事故は偶然に起こるものではない。因果関係に気付かないだけだ」と言い切る。その上で「どうしたら交通事故を絶滅できるか」と、交通安全への祈りについて、ひたすら考え続けてきた。

一九六九年に一万六千人を超え、建立のきっかけとなった交通事故死者数は、七〇年をピークに減少し、二〇一九年は三千二百人まで減ったものの、ゼロには程遠い。「ただ続けるだけでは、祈りが平行を保つだけになる。マンネリズムに陥らない手段は、これまでを分析し、科学的に祈ること」と、明確な目標を立てて祈る大切さを説く。

五十周年の二〇年、大法要は新型コロナウイルスの影響で規模を縮小したが、本堂前の灯籠を一新。車の部品全てが安全に結び付く集合体であることを意味する「安全綜躰《そうたい》」の文字を記した。お守りも、トヨタなどメーカーやディーラー向

聖光寺のお守りと、松久保秀胤らが執筆する機関誌「やすらぎ」

けと、車を使うドライバー向けの二つに分けた。

松久保が最近よく口にするのが、人工知能（ＡＩ）や自動運転など先端技術を研究開発するトヨタの米子会社「ＴＲＩ」最高経営責任者（ＣＥＯ）のギル・プラット（59）との出会いだ。

一六年に初めて大法要に参列したプラットに、「実用主義に徹する研究に祈りは必要ですか」とあえて尋ねてみた。

友人を交通事故で亡くした過去を持つプラットは「祈りがあってこそ、誓いが生まれる。神への祈りは人間として最も真摯《しんし》な願望の表れで、神への誓いは破ることはできない。だから祈りは大事」と迷い無く答えた。松久保は安心した。

「安全綜体」の文字が右側面に記された新灯籠

完全自動運転の車ができ、人間がハンドルから手を離す時がきても、安全な車を提供することを使命に持つメーカーに、プラットのような考えの技術者がいれば、車が事故の原因をつくり出すことはないように思えたからだ。
「次の五十年は見届けられない。あとは次の世代が教えを忘れず、会社も純粋に交通安全を考えられれば、祈りは伝えていける」。松久保の目がきらっと光った。

地域への啓発　販売店も

聖光寺50年の歴史には、ディーラーも大きな役割を果たしてきた。建立資金の募金を全国に呼び掛けた愛知トヨタ自動車の創業者・山口昇氏（故人）の孫で、同社を含むＡＴグループ（名古屋市）の山口真史社長（49）＝写真＝に、交通安全への思いを聞いた。

—ディーラーにとって聖光寺とは。

「祖父と一緒に夏季大法要に一度だけ行ったことを覚えている。大法要は年一回だが、聖光寺は常に心の中にあり、祈りは、愚直に継続していくことが大事。販売店は、お客さまへの説明に加え、安心安全にお乗りいただくための整備技術の向上に努めることが重要。次の50年に向け、メーカーと販売店が同じ思いを共有して取り組んでいる」

—個別の店舗での取り組みは。

「安全技術の成り立ち、中身をしっかり把握し、修理できるエンジニアの育成が必要不可欠。チームで切磋琢磨《せっさたくま》して技術力を上げていける運営が求められる」

――交通安全の啓発は。

「薄暮の時間や夜間の事故を防ぐため、反射板を配って、歩行者に付けてもらう活動を地道にやっている。ビラ配りのような草の根の活動は、日本自動車連盟（ＪＡＦ）など業界の取り組みとしても行っている」

3 車をもっと賢く安全に

トヨタ自動車東京本社の地下の一室。百人を超える報道陣が詰め掛けた二〇一九年五月八日の決算会見の場で、社長の豊田章男（64）に笑顔は一切なかった。

会見の直前、大津市で保育園児の列に車が突っ込み、死傷者が出る事故が起きていた。日本企業として初めて売上高が三十兆円を超えたことを淡々と発表した後、豊田は口元を引き締め、神妙に語った。

「交通事故でいつも犠牲になられる方は、本当に幸せな日々を送っていた方ばかり。そういう（事故が起きる）社会に大変、心痛く悲しい思いをしている。どう交通事故死ゼロにするかは、まだまだ長い道のりだが、変わらぬ軸として今後も進めていく」

同じころ、車両に搭載する安全機能を開発する部門「先進技術開発カンパニー」も、重い空気に包まれていた。

数週間前には、東京・池袋で高齢男性が運転する車が暴走し、はねられた母子二人が亡くなっていた。大津の痛ましい事故の数日後には、千葉県内の公園に車が突っ込み、女性保育士が重傷を負った。インターネット上では、複数の事故に絡むトヨタ「プリウス」に欠陥があるのではないかという臆測が飛び交った。

トヨタの安全技術開発を取り仕切るフェローの葛巻清吾（60）は「社会問題になる」と直感した。調べてみると、これらの事故の原因はプリウス特有の話ではなく、市場シェアが高く、高齢者の利用が多いという理由で目立ったようだった。

何かできることはないか。組織横断で課題に取り組む「大部屋」活動を始めることを決めた。すると、同じ問題意識を持つ技術者や事務職が、別のカンパニーや事業本部からも続々と集結。車の安全性向上に向けアイデアを出し合った。

毎日、どこかで事故は起きる。葛巻らは「一日でも早く安全な車を届けたい」と、安全装置の製品化に向けスピードを上げた。高齢ドライバーを中心に頻発する、アクセルとブレーキのペダル踏み間違いによる事故を防ぐことを優先した。

障害物がなくても、踏み間違い時に加速抑制する新機能を搭載したプリウス＝愛知県長久手市で

踏み間違えても、障害物をセンサーで検知して加速を抑制する機能は、一二年以降に発売していた。「障害物がなくても加速を抑制できる機能があれば、同じような事故は減るのでは」。事故になった車両の走行データをひたすら分析し、ペダルの通常操作と踏み間違いの差異を特定。車載ソフトウエアを改良して、急加速を抑制する新機能を追加することを提案した。

まずは高齢者による運転が多いプリウスの一部改良に合わせた搭載を決めた。発売まで一年余りという短期間での異例の取り組み。ソフトの改良だけで機能を追加できるようになるなど、「クルマ造りの技術が新しい時代に入った」ことも一役買った。

搭載は二〇年七月の発売に間に合った。ただ、今回の対象は運転に自信のない人が選ぶオプションに限られており、まだ第一段階にすぎない。

葛巻は「さらにデータを蓄積して車をもっと賢くすれば、すべてのドライバーの事故に対応できる可能性も広がる」と未来を見据える。

専用の鍵(右)で解錠すると、事故を防ぐ新機能が作動する

「予防」開発の主眼に

交通事故死ゼロの実現に向け、自動車メーカーは安全性能の向上にしのぎを削ってきた。技術開発の主眼は、ぶつかった後の被害を低減する「衝突安全」から、ぶつからない「予防安全」へ移りつつある。

衝突安全技術の代表例がエアバッグだ。国産車では1987年、ホンダが高級車「レジェンド」の運転席に初めて搭載。各メーカーも標準装備化を進め、2000年代にかけ、後部座席や側面などのエアバッグが次々と実用化された。

前方の車や歩行者を検知する自動ブレーキ機能は、事故予防の役割を期待され開発された。10年にSUBARU（スバル）が自動ブレーキを含む運転支援システム「アイサイト」を発表し、各社の競争に火が付いた。20年3月には自動ブレーキ搭載車を「サポカー」と呼び、65歳以上の購入者に補助金を出す制度が始まるなど、国も普及を後押しする。

安全な車の普及や交通安全の推進には、競争に加え、「協調」とも言える動きも見え始めた。トヨタグループのデンソーは18年、ブレーキとアクセルの踏み間違いによる衝突を抑止するため、後付けが可能な「ペダル踏み間違い加速抑制装置」をトヨタと共同開発。スズキや日産自動車など他メーカーも相次ぎ導入を表明した。また、ドライバーら「人への取り組み」でも、国内メーカー14社が加盟する日本自動車工業会（自工会）が全国での交通安全キャンペーンを主導している。

4　衝突ゼロ　いつかできる

目を閉じ、手を合わせた。脳裏に浮かんだのは、家族や友人たちのこと。中でも特に、交通事故で亡くなった祖父の魂を思い、祈った。

トヨタ自動車の自動運転ソフトウエア開発子会社「ＴＲＩ－ＡＤ」の最高経営責任者（ＣＥＯ）、ジェームス・カフナー（49）は、トヨタに加わった二〇一六年、交通安全を祈る聖光寺（長野県茅野市）の夏季大法要に初めて参列した。

祖父には会ったことがない。母が七歳のころに事故に遭った。悪天候の夜間に車を運転したようだが、詳細は分からない。ただ、もし祖父が安全機能の充実した車に乗っていたら、結果は違っていたかもしれない。いくつもの仮定が頭の中をぐるぐる回る。

関係会社を含め幹部らが、交通安全のためだけに聖光寺に集結し、祈りをささげる光景に「（交通事故をゼロにするという）与えられたミッション（使命）に対する意欲が高まった」と振り返る。

米国で理工系トップのカーネギーメロン大准教授や、ＩＴ大手グーグルで自動運転部門を立ち上げた経歴を持つ。交通事故死者も交通事故もゼロという、トヨタが目指す未来のクルマ社会の実現に向けた使命を果たす役割を担う。

ドライバーが運転に慣れていない場合や、誤操作をしたり、居眠り、急病になったりした時―。「どんな状況でも絶対に衝突しない車をいつ実現できるか、すべての答えは今はないが、いつかできると信じている」と断言する。

そんな絶対に衝突しない車が走る、交通事故ゼロの理想郷の実現に向けた実証実験が、始まろうとしている。そこでは、完全自動運転車と、人が操る小型のモビリティ（移動手段）、歩行者の道路はそれぞれ分離され、事故は限りなくゼロに近づく。人やモビリティ、建物が、網の目のように織り込まれた道でつながる。

「ウーブン・シティ」と名付けられた七十ヘクタールの実証都市は二一年、静岡県裾野市で着工し、カフナーがトップとして率いる新組織で、事業を担う。

ウーブン・シティで「イーパレット」などが走る自動運転専用道、1人乗りモビリティが行き交う道、歩行者専用道＝イメージ図

人、技術、交通環境という、三位一体で事故ゼロを目指すことが可能になる。

カフナーは「どれほど迅速に、割安に、信頼性のある技術を開発し、世界に提供できるか。完璧なインフラと規模感でデータを集め、技術を完成させ市場を広げることで、ウーブン・シティに暮らさない人たちも、その大きな恩恵を受けることができる」と情熱を燃やす。

ウーブン事業に個人として出資する社長の豊田章男（64）は二〇年七月、聖光寺創建五十周年の大法要でこう語った。

「技術革新によって、クルマの概念そのものが大きく変わろうとしております。それでも変わらず、私たちが本当につくりたいものは、人々の幸せだということです」

豊田が交通事故ゼロにこだわるのは、「幸せを量産したいから」との強い思いがある。人が幸せになるには、車と人の関係はどうあるべきなのか。聖光寺での新たな誓いから、交通事故ゼロに向けた未来のまちづくりが始まる。

世界で犠牲　23秒に1人

世界保健機関（ＷＨＯ）の報告によると、２０１６年の一年間に世界で１３５万人が交通事故で死亡した。約23秒に1人が命を落とした計算になる。

報告は3年ごとにまとめられ、死者数は13年から10万人増加。高、中所得国で死者数が減少傾向にある一方、低所得国では13年から減った国がなかった。地域別の人口10万人当たりの死者数は、最も少なかった欧州の９・３人に対し、アフリカは26・６人。出回る車の安全性能や道路、法律の整備状況などの差が大きく影響していると考えられ、ＷＨＯは全体の死者数抑制とともに「豊かさのレベルによる格差を解消する必要がある」と警鐘を鳴らした。

こうした状況を受け、国連も11年から20年までを「道路交通安全のための行動の10年」と定めている。15年に策定したＳＤＧｓ（持続可能な開発目標）のゴールの一つにも「20年までに世界の交通事故による死傷者数を半減する」と掲げられており、国際社会に行動を起こすよう強く訴えている。

番外編

INTERVIEW ― ジェームス・カフナー

実証都市「ウーブン・シティ」

―ＴＲＩ―ＡＤ カフナー氏に聞く

トヨタ自動車は、自動運転や人工知能（ＡＩ）など新技術の実証都市「ウーブン・シティ」を二〇二一年初めに着工し、未来のまちづくり事業を本格化させる。事業を担うのは、自動運転ソフトウエア子会社「ＴＲＩ―ＡＤ」を組織変更して臨む新体制。同社最高経営責任者（ＣＥＯ）のジェームス・カフナー氏（49）は、事業について「人類の未来に投資するプロジェクトになる」と意欲を見せた。

―ウーブン・シティでは何をするのか。

「人はどうしたら安全で、健康で、幸せな、そして、意味ある

生きがいのある暮らしができるのか。どんな技術がサポートできるのかを考え、実証する。この考え方は、（トヨタグループ創始者の）豊田佐吉が織機を発明した精神そのもの。織機は、佐吉の母がより良い仕事をする助けとなった。トヨタの工場でも、技術は人の代わりではなく、人の能力を高めるために使われている。技術と人間の力の一致であり、いまTRI―ADで開発している自動運転技術の下地となっている」

―進捗《しんちょく》状況は。

「ビジョンに共感し、パートナーとして共有できる技術のある数千にも上る個人や会社からのメッセージが世界中から届いている。トヨタだから、実現可能とみられているのではないか。計画について情報を共有するコミュニティーをつくった。将来的にオンラインで情報更新していく。専任のＰＲチームも雇った」

―他のスマートシティ構想より優れた点は。

「七十ヘクタールの規模感で、自分たちでインフラを素早く変更できる。それ以上に価値のある資源は、トヨタのブランド力、信頼だ。スマートシティは、監視されるまちになるのではという心配もあるが、ウーブン・シティでは、そこに住む人々の自由と選択を尊重した上での体験を優先し、彼ら自身が個人データの完全な所有権を持って、コントロールできるようにするのが原則となる。ＡＩによる個人データに応じたサービスを提供できるようになるが、人々が自分たちのデータの活用方法について理解してこそのサービスであるべきだ。そういう都市をつくれば、トヨタへの信頼をより強いものにできる」

――新型コロナの影響は。

「多くの人が、自宅での教育や就労に限界があることに気付いた。同時に、新しい技術が、教育や健康維持、人生そのものに貢献できる可能性にも気付いた。感染症の大流行や台風のような災害は、経済、多くの生命といったあらゆるものを破壊するが、未来への道筋を創造もする。都市での暮らしは、二十年後や五十年後に、今日とはかなり違うものになっているだろうが、ウーブン・シティは、その方向性を見つけ出すのに大きな役割を果たす。人の暮らしを変革するプロジェクトになる」

――二〇年六月にトヨタの取締役に就いた。

「私は米国で育ち、シリコンバレーで二十年過ごした。学生時代も含め、日本に住んで計五年になる。他の取締役とは異なる視点、ユニークなものの見方ができると思うし、一緒になって未来に向けたより良い戦略的な決定ができる。トヨタの伝統、文化を失いたくはないが、新しい技術で進歩させられることはたくさんある。まさに、佐吉が言った『障子を開けよ、外は広いぞ』の考えを大切にしたい。外の視点で見ることで、新しい何かを得られる」

ジェームス・カフナー

2000年、米スタンフォード大博士号取得。米カーネギーメロン大准教授、米グーグル・エンジニアリングディレクターを経て、16年1月、トヨタ研究開発子会社「TRI」チーフテクノロジーオフィサー、18年3月から現職。20年6月からトヨタ取締役、チーフ・デジタル・オフィサーを兼務。TRI―ADは来年1月に組織変更し、新設の持ち株会社「ウーブン・プラネット・ホールディングス」に、事業を引き継ぐ「ウーブン・コア」と、ウーブン・シティ事業を手がける新設の「ウーブン・アルファ」がぶら下がる。3社の代表取締役に就任予定。

PICK UP ① 匠の技 新天地へ継承

役目を終えた電動工具が床にずらりと並ぶ。その脇には布地を手にした従業員の姿。「道具類は全部きれいにして、異動先に持っていって使うんです」。薄暗い構内で、うつむき、黙々と工具を磨く人々。工場の火が消えようとしていた。

トヨタ自動車の生産子会社、トヨタ自動車東日本（宮城県大衡《おおひら》村）の東富士工場（静岡県裾野市）が二〇二〇年暮れ、操業開始から五十三年の歴史に幕を下ろした。千百人いた従業員の六割が、同社の東北の拠点に異動した。東富士で手掛けた「ジャパンタクシー」の生産も、大衡村の工場に移った。

「家族に辞めてもいいんだよって言われたんですよ」。閉所式があった十二月七日、車両組み立て現場の課長（50）が苦笑いした。トヨタ東日本の前身、関東自動車工業に入社し、神奈川県の横須賀工場に勤務したが、〇〇年に同工場が車両生産を終了。東富士工場に転勤となり、単身赴任で二十年勤めた。

閉鎖直前の2020年12月、作業する人も減り、薄暗くがらんとした東富士工場

その間、東北を愛知、九州に次ぐトヨタ第三の生産拠点にする方針の下で、一二年にトヨタ東日本が誕生した。小型車生産を東北に集約する中、自身にとって第二の故郷になっていた東富士も一八年七月に閉鎖が決まった。跡地には新技術の実証都市「ウーブン・シティ」が生まれる。

二度の工場閉鎖を経験し、さらに東北への異動となれば、横須賀に住む家族との距離はまた遠のく。だが迷いはなかった。

「やっぱり俺、この仕事好きなんでね。組み立て工程は人が中心、人そのもの。ここでやってきたことを変わらずに新天地でやっていく」

家庭の事情でやむなく退社する同僚の思いも胸に、より良い車造りを続けられる喜びは何より大きい。そう感じられるのは、高度成長、モータリゼーション真っただ中の一九六七年に建設された東富士工場の役割にある。

スローガンは「圧倒的な存在感（人・モノ・技術）と車造り改革の発信工場」。トヨタスポーツ800（ヨタハチ）に始まり、マークII、カローラレビン・スプリンタートレ

左は工具などを磨く従業員、右は役目を終え床にずらりと並ぶ電動工具

ノなど累計七百五十万台を手掛けた工場は、組み付ける部品をできるだけ車両近くまで搬送し、人の無駄な動きを減らす「手元化《てもとか》」のカイゼンを得意とした。

東北の工場で活躍する、従業員の動きに追従するワゴン台車も、インパネ（計器盤）など大きな部品を空中にぶら下げて車両の中まで搬送する装置も、東富士の独自アイデアで内製したものだ。

さらに東富士は、六七年発売の最高級車「センチュリー」＝写真左上＝を手掛けた唯一無二の工場でもあった。通常の量産ラインとは別の「センチュリー工房」で一台一台を造り込むのは、「クラフトマン」と呼ばれた十数人の精鋭のみ。車が次々に流れる量産ラインで組み立て作業に与えられる時間は一人当たり数分程度だが、センチュリー工房では二時間かかる工程を一人でこなすこともある「匠《たくみ》」の技術を要した。

工場閉鎖でクラフトマンも大半は東北へ異動し、小型車の生産に当たる。センチュリーは二〇二一年春から愛知県豊田市の元町工場で生産が始まる。一年間、元町の精鋭たちが東富士の匠に学んだ。

「センチュリーが走っている姿を見たら、元町のみんなの顔を思い出すよ」。二〇年十一月、センチュリーの生産終了式でクラフトマンがエールを送った。東富士から元町へ―。トヨタ最高級車を造る誇りも、新たな地に引き継がれる。

PICK UP ② 歴史は「ウーブン・シティ」へ

なっぱ服（作業服）の男たちが大画面を見つめていた。動画には、工場で生産された最後の車両「カムリ」を見送る従業員の涙、そして笑顔が次々と映し出された。

場所はトヨタ自動車の生産子会社、トヨタ自動車東日本の東富士工場（静岡県裾野市）の会議室。だが、映像は東富士工場のものではない。

工場閉鎖の約一年半前。トヨタ常勤監査役の安田政秀（71）が、トヨタ東日本社長の白根武史（68）＝現会長＝や工場長、現場の課長らと向かい合っていた。安田が映像とともに伝えたのは、オーストラリア・メルボルンのアルトナ工場を二〇一七年十月に閉鎖した自身の体験だ。

トヨタが同国での車両生産からの撤退を表明したのは一四年初め。現地法人トップだった安田は、二千五百人いた工場従業員に直接閉鎖を説明した社長の豊田章男（64）から、一つの注文を受けた。「トヨタらしい撤退をしてください」

同国では、一九九〇年代に日産自動車、二〇〇八年に三菱自動車、一六年に米フォードが生産を終えた。トヨタの撤退も、米ゼネラル・モーターズが一三年末に撤退表明した後の「苦渋の決断」（安田）だった。豪ドル安に加え、車両の輸入関税が下がり、部品会社も徐々に撤退する中、最後まで残ったトヨタの決定に、現地では「残念だが仕方ない」という論調が大勢を占めた。

日本からは、長年働いてくれた地元の従業員の多くが職を失うとの報告が上がった際、社長の豊田が自分の手帳を机の上にたたきつけて部屋を出て行ったという話が伝わってきた。「雇用を守る」ことが経営の中で最優先されるトヨタにあって、工場閉鎖は耐え難いものだった。

　進出から五十年かけて築いたブランドへの信頼や、地域に最も愛されるメーカーを目指す「町いちばん」のさまざまな地域貢献活動は、何もしなければ一瞬で崩れてしまう。「まずは働いてくれた人、車を造るために部品を供給してくれた人、車を買ってくれた人、全ての人に感謝を示すことで、ブランド力を維持できる。最後まで人への敬意を忘れてはいけない。それがトヨタらしさだ」。安田がたどり着いた答えだった。

　「皆さんの面倒は最後まで見る」という豊田の約束通り、生産終了後の従業員の職探しを丁寧にサポートした。幹部とのランチ会を開いて従業員の不安を和らげ、家族を招いたファミリーデーを開いた。「現場が汚いと家族に見せられ

富士山の麓に立地した東富士工場

同工場で最後に生産されたジャパンタクシーを見送る従業員ら＝静岡県裾野市で

ない」。従業員はそんな思いで職場を美しくし、最後まで高い品質を維持した。

「何十年と車を生産してきた歴史をレガシー（遺産）として残したい」と安田が奔走した工場跡地も、現在は、運転講習に使えるコースや、トヨタ生産方式（TPS）を現地企業などに伝える施設に形を変えた。

今回の東富士工場の閉鎖では「オーストラリアで作ったプログラムが、トヨタらしい撤退の教科書のようになっている」と安田は感じる。

東富士工場は、二〇年十一月に工場見学などの「ファイナルイベント」を開き、従業員の家族やOBを招待した。家族が工場に足を踏み入れるのは初めてだ。

「夫から話は聞きましたが、実際に動いてる姿を見て、すごい仕事をしてるんだと分かりました」という従業員の妻がいた。同時期にあった幹部と語る会では、従業員が訴えた。「ここに帰ってきた時、ここが自分たちがいた場所だと確認できるようにしてほしい」

東富士の跡地は、自動運転など先端技術の実証都市「ウーブン・シティ」に生まれ変わる。東富士の閉所式にあてたメッセージで、豊田は神妙に誓った。

「ウーブン・シティは、皆さんが働いた場所、残してくれた歴史の上にできる街。皆さんの思いを受け継いでいきます」。着工は二一年二月二十三日だ。

TOYOTA WARS 第8部

「プロボノ」で意識改革

モビリティカンパニー実現に向け、個人レベルで何をしたら良いのか悩む社員が、ついに外の世界へ飛び出し、三カ月間のプロボノ活動に奮闘した。異業種での経験からおのおのがつかんだものとは—。

第8部

1 理念共鳴 寄り添う商品開発

たまりしょうゆ

駐車場でエンジンを切ると鼓動が速まるのが分かった。足が重い。門前払いされないためにはどう切りだせば…。頭の中で想定問答を繰り返すトヨタ自動車の愿山《よしやま》暁（40）は、愛知県三河地方にある鶏卵業者の事務所のガラス扉に手をかけた。二〇二〇年十月末のことだ。

「いきなり来て、トヨタの名刺を渡されて『オーダーメードしょうゆをつくりませんか』と。そりゃまあ、最初は不審でした」。応対した男性社員は言う。だが確かな熱意を感じたことも覚えている。

愿山の所属は、自動運転や月面探査車両などを担う先進技術開発カンパニー。車両の品質や安全性を証明し、国から生産許可を得る法規認証が本職だ。営業経験は一切ない。

しょうゆを造るのは岐阜市の「山川醸造」。愿山は本業を続けながら地場産業の仕事を無償で手伝う「プロボノ」活動の一環で、しょうゆの相手先ブランドによる生産（ＯＥＭ）の受注を目指していた。

人生初の飛び込み営業は玄関先での立ち話で終わった。「脈無しだったなあ」とあきらめていた愿山の元に一カ月後、メールが届く。「オリジナルブランド商品に大いに興味を持っています」。パソコンを前に手が止まり、文面を何度も読み返した。

◇

愿山は漠然と悩んでいた。

百年に一度の変革期を迎えたといわれる自動車業界に身を置き二十年弱。会社は三年前から、単なるメーカーを超え人の移動そのものを支える「モビリティカンパニー」への転換をうたう。自分も意識を変えなければ―。だが目前の仕事に大きな変化はなく、忙しい日々が続く。

そんな折に知ったのが、所属する先進技術開発カンパニーが公募を始めた「プロボノ」活動だった。

同カンパニーには技術、事務部門の三千人ほどが所属し、本社から独立した人事室もある。プロボノは研修の一環で二十年夏企画され、新型コロナウイルスで打撃を受けた地場産業の支援を目的に掲げた。社内外から「内向き」「世間を知らない」と言われがちな社員の成長を促す狙いもあった。

自ら手を挙げ、十五人の枠に選ばれた愿山の派遣先が、岐阜市で木おけ仕込みのたまりしょうゆを七十七年造り続ける山川醸造。メンバーは他に人事畑の耳塚陽子(43)とエンジニアの堀部嘉美(40)。

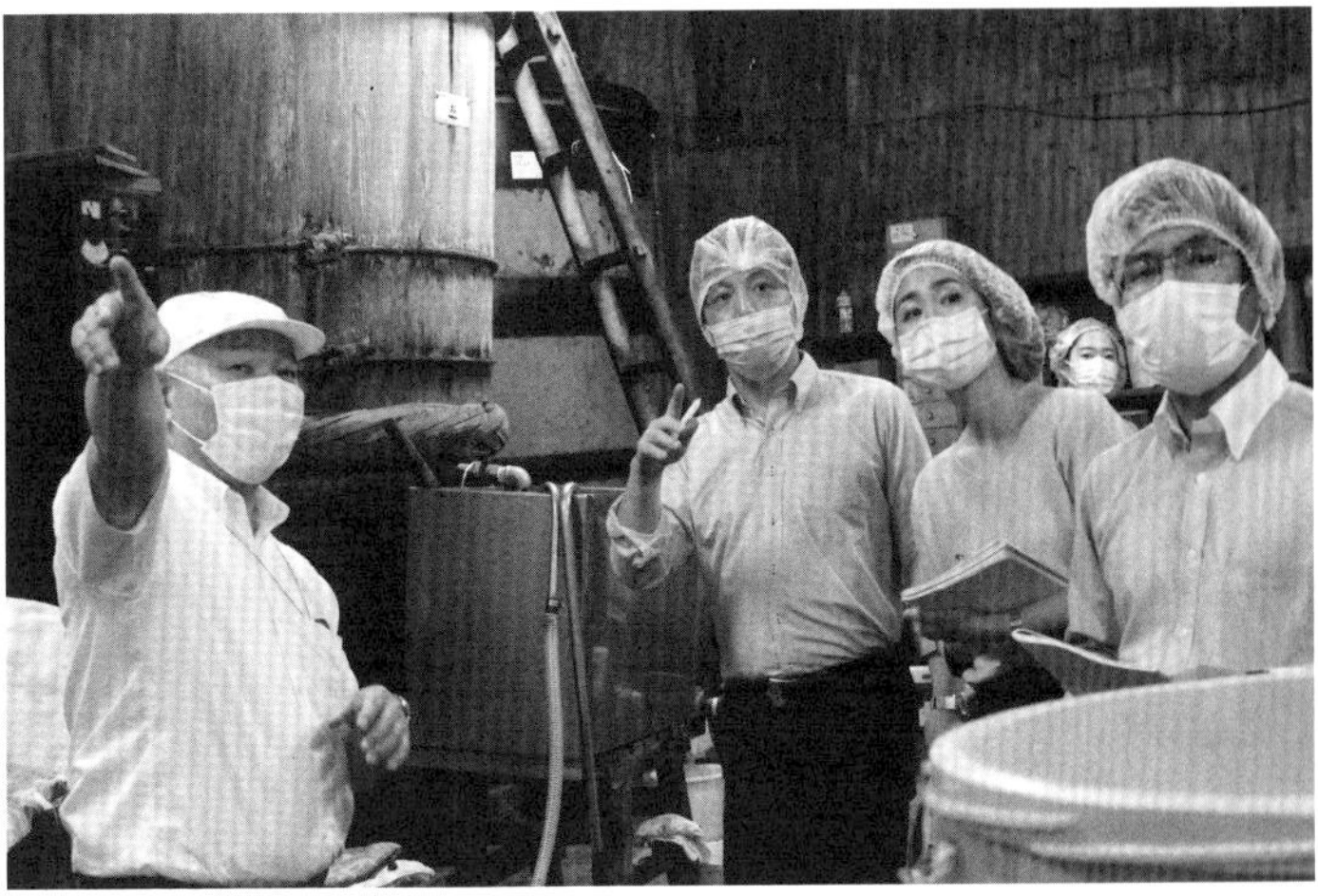

木おけが並ぶ醸造蔵でしょうゆ造りへの思いを語る山川晃生(左)と、メモを取りつつ耳を傾けるトヨタ社員の(右から)愿山暁、耳塚陽子、堀部嘉美＝岐阜市の山川醸造で

ともに同じ問題意識を抱え「自分を変えたい」と飛び込んだ。

十月一日、醸造蔵を訪ねた三人は、三代目社長の山川晃生（62）からこんな言葉を聞いた。「しょうゆをただ造ることが仕事ではなく、しょうゆを通じ食卓に笑顔と楽しさを届けるのが本当の使命」。図らずも、モビリティカンパニーへの変革を掲げるトヨタの姿勢と重なった。

うなぎ屋のたれに、そば屋のつゆ――。地域の飲食店のこだわりを聞き、少量でも要望に沿ったしょうゆを造り続けてきた。大半が業務用で、コロナ禍による打撃で二〇年は売り上げが前年比で六割も減った月がある。山川は「誰もが苦しい今だからこそ、取引先に寄り添う商品開発で、少しでも現状打破につなげたい」と言う。

話し合いの末、三人が掲げた目標は「オリ

トヨタ社員が「プロボノ」で支援した企業とプロジェクト内容

山川醸造
（岐阜市）
オリジナルしょうゆ受託生産の新規コラボ先獲得

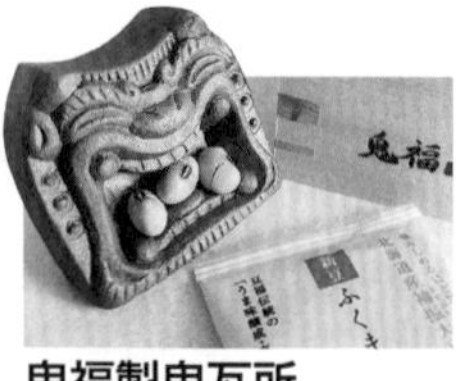

鬼福製鬼瓦所
（愛知県碧南市）
鬼瓦を使った節分キット、弁当の商品企画

太美工芸
（名古屋市西区）
「必勝だるま色紙」の一般消費者向け販売の拡大

大橋量器
（岐阜県大垣市）
升を使ったマイクロツーリズム事業の立ち上げ

八王子屋
（三重県四日市市）
健康効果の高いキムチを使った新商品開発

ジナルしょうゆの新規受注」。素材や料理に合うよう味を調えたり、特産物の風味を加えたりして、相手の事情にぴったりなオーダーメードのしょうゆを売り込むことだった。

目標は高く掲げたが、初顔合わせの即席チームで、全員が営業もマーケティングも未経験。対面やオンラインでの会議を重ねたものの、スタートから一カ月間は「取っ掛かりがなく、時だけが過ぎていった」（愿山）。電話作戦は手応えなし。「もう直接行って思いをぶつけるしかない」と、飛び込み営業に覚悟を決めた。とにかく焦っていた。

「卵かけご飯用」に照準を絞り、トヨタ本社から近い養鶏場など十軒を十月下旬から手分けして回った。大半は門前払い。だが十一月二十七日、愿山宛てに一通のメールが届く。「飛び込み」で訪ねた、あの鶏卵業者からだった。コストや在庫リスクが少ない小ロット（少量）で製造可能な点に興味を持つ内容。文面からは、一番訴えたかった山川醸造の「強み」が伝わったと実感できた。

鶏卵業者とは「本当の卵のおいしさが分かるしょうゆ」の実現に向けた話し合いが進む。愿山らは今後の営業に使えるパンフレットも仕上げた。「正直よくここまで、と思う」。山川は三人の成果と熱意が想定を上回っていたと話す。

プロボノの活動は二十年末で一区切りを迎え、他の二人と同様、愿山もトヨタでの日常に戻った。「変わろうとしているのは自分たちだけじゃないと気付けた。まず、行動を起こすこと。その大切さがよく分かった」。あの日の営業先で、すくみそうになる足を一歩踏み出した感触は、今も体が覚えている。

メモ

プロボノ　「公益のために」を意味するラテン語が語源で、職業上の専門知識やキャリアを生かしたボランティア活動を指す。米国の弁護士業界が20世紀初めに行った無償の法律相談が発祥とされ、日本では大手企業が研修や社会貢献目的で取り入れる例が増えている。トヨタは岐阜市のＮＰＯ法人「Ｇ－ｎｅｔ」と共同で、中小企業庁の補助を得て実施した。

2　刺激や驚き　互いに財産

三州鬼瓦

「魔よけの意味もあるよね」

「じゃあ節分後もお守りにしてもらおうか」

「せっかく大口を開けているから、豆を食べさせるのはどう？」

パソコンを前にしたオンライン会議で、トヨタ自動車の宮宇地美絵（42）らが議論を交わしていた。テーマは「鬼」。

宮宇地と、同僚の川口裕司（42）、西村公一（37）は二十年九月末から三カ月間、プロボノ活動で国の伝統的工芸品「三州鬼瓦」を手掛ける「鬼福製鬼瓦所」（愛知県碧南市）の一員に加わった。四代目窯元で「鬼師」の鈴木良（36）と、もう一人職人がいるだけの小さな工房だ。節分向け商品を企画しようとしていた。

トヨタでは物事を動かす前に徹底した議論が求められる。チームで同じ方向に向かうためだ。そんなトヨタ流が染み付いているだけに、「鬼って、何?」と、週二回のオンライン会議で鈴木を交え、ひたすら一カ月近く議論を重ねた。「とにかく楽しくて。納期に間に合うぎりぎりまでコンセプトを考えていた」と宮宇地は振り返る。

形になった商品はミニチュアの鬼瓦と豆、升のセット。豆や升の発注など実務と並行し、鬼瓦をどう使ってもらうか、どう価値を感じてもらうか、何度も話し合った。たどり着いたのは「コロナ禍の節分に大声で豆をまくのではなく、鬼の口に豆を入れ、静かに幸せを願ってほしい」。テレビ番組で紹介され、作った七百個(一個二千九百七十円)は二一年一月半ばに完売した。

わずか三カ月での商品化は、数年を要する車の開発とは比べものにならないほど早い。「普段の仕事よりもサイクルが圧倒的に短い。少人数ですぐに決め、すぐに試す経験は新鮮だった」。元々、車のシャシー(足回り)設計を専門とするエンジニアの宮宇地は言う。部署ごとに高度に専門化されたトヨタでは、一つの製品にすべて関わることはめったにない。

プロボノの三人が節分向け商品に携わっている間、鬼福の鈴木は、大ヒット漫画「鬼滅の刃」との連携など複数の企画も同時並行で進めていた。「待っていても仕事は来ないから」だが、その勢いと熱意は、三人に大きな刺激を与えた。宮宇地は「多少のリスクや不確定要素があっても前へ進む覚悟は、今の私たちに足りないもの。学ぶべきことは本当に多かった」と語る。

いつも先を見据え、企画に営業にと突っ走ってきた鈴木にとっても、チームでの仕事は驚きの連続だった。小さな事業所ではなかなかできない詳細な原価計算も迅速にやってくれた。

鈴木から夢や事業構想を聞いた宮宇地らは、その内容を分かりやすくA4サイズ一枚の紙に落とし込んだ。「鬼福2035年ビジョン」。屋根瓦自体の需要が減る中「現代の生活スタイルにあった鬼瓦商品を発信し続ける」という鈴木の決意をにじませ、「『こんなのあったら素敵《すてき》だと思う』をどんどん商品に。協力してくれる仲間と共に、みんながやりたい事をやる企業を目指します」と書いた。

自動運転やカーシェア、電動化の波—。自動車業界も激動の時代を迎えている。トヨタ社長の豊田章男（64）が言い続けてきた「もっといいクルマをつくろう」は、いろんな業界でいろんな人たちが挑戦していることと同じだと、宮宇地は実感した。

一月、宮宇地はスポーツタイプ多目的車（SUV）やミニバン開発を主に担当する部署へ異動した。そこで念願だった「Z」と呼ばれる新車企画チームの一員に選ばれた。「こんなのあったら素敵」を胸に、仲間と、車開発にまみれたい。

プロボノ活動最終日、鬼福の鈴木良（中央）から手作りの「感謝状」を受け取る（左から）宮宇地美絵、西村公一、川口裕司（右端）ら＝愛知県豊田市のトヨタ自動車本社で

3　本音で激論　結束強く

升ツーリズム

時刻は午後六時を回り、日は完全に落ちていた。伝えるべき相手は小さなテーブルをはさんだ正面、手を伸ばせば届く距離にいる。トヨタ自動車の青木聡将《としまさ》（34）は、一カ月前から抱えていたもやもやした気持ちを全部ぶちまけた。「社長、ここは、いったん立ち止まるべきです」。二時間弱に及ぶ大激論の口火を切った。二〇二〇年十二月十二日夜のことだ。

トヨタのプロボノ活動で青木は、伝統的な木升や升をアレンジしたインテリアなどを手掛ける従業員三十五人の大橋量器（岐阜県大垣市）に他の二人と共に世話になっていた。「升の魅力を伝えるツーリズム事業の立ち上げ」を目標に九月末から続けてきた活動も、二週間後に終わるという時。それでも「言わずにいられなかった」のは、真剣に事業の先行きを考えていたから。それとももう一つ、これまでの自分との決別があったのかもしれない。

トヨタでは人事部で働く青木だが、元々はシャシー設計を本職とするエンジニアだ。チームで挑むものづくりに、忖度《そんたく》や遠慮は無用、のはず…。分かっていても「巨大な組織の中にいて、無意識にやっちゃってるなあ」と感じていた。

激論中、社長の大橋博行（56）に向かって「このままでは大橋量器の名に傷がつきますよ」とまで言った。声がちょっと震えた。トヨタの同僚とは交わしたことのない強い言葉だ。

思いをぶちまけたその日は、「升ツーリズム」事業化への第一歩として、約二カ月かけて練り上げた日帰りツアー企画を、トヨタ社内で募集した同僚らを招いて試したばかりだった。工房で升作りを体験してもらい、ローカル鉄道に一時間乗って素材となるヒノキの森へ案内する内容。手作り体験は好評だったが、青木は「正直、魅力も不十分だし、収益性も全くめどが立っていない」と感じていた。実際、参加者にいくらなら払えるか聞くと想定をはるかに下回る金額の返答が目立った。

大橋は真正面から受け止めてくれた。祝い升の需要が見込める結婚式などがコロナ禍で軒並み中止され、業績が急激に悪化していることや、プロボノの三人がいる間に新規事業を少しでも前進させたいという考えを静かに語った。その上で「このままでは数年でつぶれるかもしれない。今立ち止まり、君たちが去れば、きっともう一歩も進めない。最後まで伴走してくれないか」と心情を吐露した。

青木は「経営者としての覚悟と危機感が初めて肌感覚で分かった。収益性など目先だけ見ていた自分の甘さを痛感した」と振り返る。激しくぶつかってみて初めて、自分は当事者になれたとも思った。

激論で結束を強めたチームは翌週、資金集めのためクラウドファンディングの活用を決定。青木もその実務を主導した。目標額の二十万円は十二月末の募集開始から二週間で達成した。ツーリズム事業はこの春、本格的なスタートを切る。

「波風立てないようにと仕事で思いをのみ込んだ経験は、確かにある。でも他者の異なる意見を取り入れたり、『なんでそう考えるんだろう』と考えたりすることは、仕事の成果や互いの成長につながる」と実感し、トヨタに戻った青木。

仕事について自分なりの意見を言ったり、「変だな」と感じたことを率直に伝えたりすることが以前より自然にできるようになった。上司から「変わったな」と言われるたびに、マスクの下で口元が緩む。

4 「圧倒的無力感」を糧に

必勝だるま色紙

「外の世界に放り出されてみて、やっぱり何もできませんでした」。潔ささえ感じさせる物言いに、会場に一瞬、当惑する雰囲気が漂った。二〇二〇年十二月二十三日、トヨタ自動車本社の講堂であったプロボノの報告会。成果や学んだことを伝え合う場にあって、印刷会社「太美工芸《たいび》」(名古屋市西区)で活動した大原拓也(28)の発した言葉は異質に響いた。

入社五年目。トヨタの先進技術開発カンパニーで人事を担当し、仕事は「板についてきた」つもりでいた。プロボノに志願したのは、人事施策としてどんな効果がありそうか、自分の身をもって体感してみたいと思ったから。人事以外は未経験で、何か大きなことが成し遂げられると思い上がっていたわけではない。それでも「もう少し、役に立てるつもりでいた」。

太美工芸は、主に地元企業の依頼でデザインステッカーなどを作ってきた従業員十人あまりの町工場だ。大原とトヨタの他の二人から成るプロボノチームは、コロナ禍で需要が減る中、社長の野田哲也(45)から「一般消費者向け商品の販売拡大に知恵を貸してほしい」と頼まれた。受験シーズンを見越し、寄せ書きができる「必勝だるま色紙」を売り込むことにした。

大原は「とにかく思い付くことを片っ端から試した」。あらゆる会員制交流サイト(SNS)で発信し、愛知県豊田市内で二百戸にチラシを手配りした。「付加価値を高めよう」と同県稲沢市の寺で色紙の「ご祈禱《きとう》」もしてもらった。

だが、収益への目に見えた効果は、ゼロ。浮き彫りになったのは、大企業にどっぷり漬かっていた自分の甘えだった。

トヨタでの人事の仕事なら、新しい課題が降ってきても「解決のプロセス、必要な予算規模に何となく当たりがつく」。グループや関連会社など社外と連携して仕事をする際も協力が得られなかった記憶はない。やりたいことを実現できるかどうかが、いくらかかるかという金銭面によって左右される小さな工場の懐具合には思いが至らなかった。「トヨタという看板、恵まれた環境に頼って仕事をしてきた。（太美工芸に）一員として迎えてもらった以上、費用対効果で考えるのは当然。力不足だった」と言い切る。

大原のトヨタでの仕事には、車の電動化や自動運転の実現など、高い壁に挑み続ける仲間たちの人事評価や人材育成施策の実施も含まれる。職歴や実績からでは想像できない、それぞれの人が味わった苦労や挫折にこれまでどこまで思いを寄せていただろうか。「彼らにも、圧倒的無力感を感じ

「必勝だるま色紙」の祈禱をしてもらう太美工芸社長の野田哲也（右から２人目）とトヨタ社員の大原拓也（右）ら＝愛知県稲沢市で

た日はあったかもしれない。現場を肌感覚で知らないと人事担当はできない」と、今は心底思う。

ただ、がむしゃらに動いた中で変化はあった。実は色紙以外の商品のネット販売は前年より若干伸びた。社長の野田は「露出増の効果に違いない。時に土日をつぶしてまで彼らが本気で支えてくれたから」と感謝する。チームのオンライン会議の進行役を毎回率先して務めた大原は、マスコミ向けの商品プレスリリースの書き方も一から勉強し、実際に、地元経済紙への掲載にこぎ着けた。「前向きな姿勢は、うちの社員にも刺激を与えてくれた」と野田はほほ笑む。

事業には何も貢献できなかったと悔やむ大原が、今でも黙々と続けていることがある。プレスリリース作りなど今回自分が学んだことを記録に残すことだ。「自分は無力。謙虚になる」と胸の内で言い聞かせる。プロボノをきっかけに、新しい日々が始まった。

5 延長戦へ 試行錯誤の商品

朝食向けキムチ

三カ月限定のプロボノ活動を終え、トヨタ自動車に戻った先進技術開発カンパニーの半田智彰(39)、鎮西《ちんぜい》勇夫(39)、田中美智子(43)が二〇二一年一月中旬の夜、オンラインで顔を合わせた。

「今後は会社ではなく個人のボランティアの位置付けで」(半田)

「交通費もなしでいいですよね」(鎮西)

プロボノ閉講式で「朝食向けキムチ」の試食品を配るトヨタの半田智彰（右）＝愛知県豊田市のトヨタ自動車本社で

「うん、そうですね」（田中）

プロボノは「延長戦」に突入した。

三人は二〇年十月から、創業一九一〇（明治四十三）年で漬物の製造・卸売りを手掛ける従業員約五十人の老舗「八王子屋」（三重県四日市市）でキムチの新商品開発に挑んだ。

目指したのは「トーストと食べてもおいしい朝食向けキムチ」。トヨタの各部署を巻き込み、試食会を重ねた。家では子どもに食べさせ、隣近所も呼んで、コロナ禍ならではの青空試食会を開いたメンバーも。延べ百人近くの感想を分析し、自分たちも何度も試食を繰り返し、甘みと辛み、酸味のバランスを追求した。

二十五種類以上の材料と同社独自の乳酸菌を合わせたキムチベースをもとに、果物感を足し、ニンニク抜きで朝からにおいを気にせず食べられる満足のいく商品が、十二月下旬に出来上がった。八王子屋社長の広田隆俊（64）は、こだわり抜いた三人を「キムチマイスター」と名付け、たたえた。

二一年春の商品発売に向け、健康目的で朝食べることが多いヨーグルトを競合相手に見立て、スーパーでどのように売られているか調べて回った。プレスリリースの発信など宣伝方法も検討。大体のめどを付けたところでプロボノ終了を迎える、はずだった。

「このまま終われない。商品が世に出るまで見届けたい」。思いは一つだった。

研修でもあるプロボノ期間が終わった後は、自分の時間を費やす文字通りのボランティアになる。それぞれ中堅と呼ばれる立場の三人は忙しく、会議のための日程調整すら難航の連続。それでもやるのはなぜか。

半田は、二〇年十月に八王子屋の工場を初めて訪ねた日の帰り道、車に乗り合わせた二人との会話を覚えている。「今まで食べたどのキムチよりおいしかった！」と盛り上がった。社長の広田や熟練職人から、素材の吟味、日々の試作改良の苦労をたっぷり聞かされたことも理由だったかもしれない。今回の新キムチも「本当においしい。この味を知ってほしい」と三人は強く思う。

車とキムチ。工程や価格、会社の規模は違っても、ものづくりに全力を注ぐ点では変わらない。「自分たちの仕事にどれほど誇りを持てるか。生み出す商品をどれだけ好きでいられるか」。そんな原点に立ち返るきっかけになったと半田は振り返る。

鎮西は排ガスを浄化する「触媒」を開発するエンジニアで、半田と田中はそれぞれ知的財産と法規認証部門を担う事務職だ。鎮西は「製品にどれだけ思いを込められるかが、いいクルマづくりにもつながる」と思い直した。田中も「『自分の役目はここまで』と線を引かず、とにかく納得できるまで、とことんやる」と仕事への向き合い方を変えつつある。

キムチを試食した一人に、彼らの上司で、約三千人を擁するトヨタの先進技術開発カンパニーのトップ、奥地弘章（59）がいた。二〇年末のプロボノ閉講式で、全五社に分かれ活動した十五人をねぎらい、こんな言葉をかけた。「学んだ思い、熱量を失わず、これからも外とつながり行動し続けてほしい」。延長戦を決めた三人の目が輝いた。

番外編 1

INTERVIEW ― 南田 修司

殻破れ　挑んだ三カ月

―「G―net」南田代表に聞く

トヨタ自動車で自動運転や月面探査車両などを担う先進技術開発カンパニーが二〇二〇年末まで三カ月間、地域貢献と社員研修の一環で取り組んだ「プロボノ」。研修先企業の選定や活動の支援をしたのが、社会人の副業・兼業や学生のインターンシップ（就業体験）など多様な働き方を支援するNPO法人「G―net」（岐阜市）だ。南田修司代表（37）は「一人一人が仕事の意味を見つめ直すきっかけになったことが一番の成果」と語る。

―トヨタに協力することになった経緯は。

「人事室の人が私たちの活動を知っていて『外の世界を知るきっかけにしたい』と声が掛かった。新型コロナウイルス拡大のさなかでもあり、打撃を受けた地場産業の支援を目的に掲げた。しょうゆ屋や鬼瓦の工房など派遣先五社をこちらで選び、トヨタ社内で選考された十五人が参加した」

―トヨタ社員の印象は。

「線を引きたがるなあ、と最初は感じた。企業側に遠慮し、与えられた役割や目標のみに向かう印象。私からは『研修と思わず、期間限定の社外取締役になったつもりで』と助言した。三カ月間で、どんどん活動にのめり込んでいく様子が伝わった。飛び込み営業など、避けたくなることにも率先して挑んだチームもあり、確かな変化があった」

「人事室の担当者が、いつもと様子が全然違うと驚いていた。裏を返せば、普段はポテンシャルを生かし切れていない部分があるのかもしれない。高度に分業化された大企業の中で、自分の役割や限界を狭めてしまっている場面もきっとあるのだろうと感じた」

―三カ月間の成果は。

「新事業の芽を残したり、『トヨタ流』の仕事で社長や社員に刺激を与えたり、各企業でそれぞれの成果があった。トヨタの皆さんにとっては、関係性が広がったことや全くの異分野で新しい挑戦をして自信を得たこと、逆に挫折を味わったことも何かしらのプラスの経験にしてもらえたらいい」

―プロボノで得た気付きや学びを今後生かすには。

「既に生かされている。プロボノ期間の終了後も、受け入れ企業と関わりを持ち続けることを選んだチームがある。研修の枠を外れ、もはや何の報酬も発生しないにもかかわらず。プロジェクトへの強い当事者意識がそうさせるのだろう。きっと仕事への向き合い方も変わったのではないか」

「これからの時代、一人一人が『株式会社じぶん』の経営者になればいいと考えている。収益源にもなるメイン事業が本業で、新規事業が兼業や副業。CSR（企業の社会的責任）がプロボノ、ということになるのかもしれない。普段の仕事以外の部分でも地域や社会の課題と積極的に関わることで、見える景色は広がり、本業でも思わぬアイデアが生まれるきっかけになると思う」

南田《みなみだ》 修司《しゅうじ》

1984年1月、奈良県天理市生まれ。三重大院教育学研究科修了後、2009年にNPO法人G―netに加入。副代表、共同代表を経て17年に代表理事就任。18年から、会社員らが空き時間に地方の事業所や1次産業などで働く「ふるさと兼業」の取り組みを始めた。

番外編 2 INTERVIEW ― 秋元祥治

中小の流儀を刺激に

―オカビズ・秋元センター長に聞く

トヨタ自動車の社員が中小企業五社で新事業立ち上げなどを支援したプロボノ活動では、愛知県内の中小企業の経営相談を手掛ける岡崎ビジネスサポートセンター（オカビズ、同県岡崎市）の秋元祥治センター長（41）がアドバイザーとして関わった。「大企業の人たちほど、中小企業のビジネスを知る意義は深い」と力説する。

―五社ではトヨタ社員が商品企画や売り上げアップのため奔走した。

「それぞれ助言させてもらったが、共通したのは、とにかく試行錯誤を高速回転する大切さ。商品開発や事業立ち上げまでのスピードの速さにトヨタ社員が大変驚いていたように、人、モノ、金が限られる中小企業や個人事業主は、あの手この手をひねり出してどんどんやらざるを得ない。さらにこのコロナ禍。逆風下で、制約条件だらけの中、知恵を出し合い、一緒に汗をかいたことは有意義な経験になったと思う」

―トヨタなどの大企業も新事業に挑んでいる。

「オカビズの主な役割は中小企業支援だが、大企業の新事業部門の人が相談に来ることもある。一概に言えないが、綿密に計画して、目標も最初から大きくて、というパターンが目立つ。設備投資が発生する大企業ならではの事情も分かるが、新事業は小さく始め、走りながら改善していくことが鉄則と考えている」

「今回のプロボノ支援先に、職人二人だけの鬼瓦の工房があった。工程が機械化されていないため、思い付く先から試作品ができていく。商品化の決断も速い。大企業では合意形成や決裁に時間がかかり、こうはいかない。どちらが正しい、間違っているの問題ではないが、互いのやり方を知り、相対化できたことは意味があるのではないか」

――業種も規模も違う企業の人間同士が出会って刺激が生まれた。

「海外旅行で日本の良さに初めて気付くのと同じで、トヨタの人も、外に出てみて自分たちの強みや特徴に改めて気付いたと話していたことが印象的だった。スケジュールや原価の計算の仕方、顧客や提携先に伝えるための資料の作り方など、恐らくトヨタで『当たり前』にやってきたことの価値や意味を知るきっかけになった」

「一方で、企画から営業まで一人かごく少人数でこなす中小企業で過ごしてみて、仕事に対する当事者意識をいや応なく植え付けられた点も大きい。普段、『自分がトヨタだ』と考えている社員はきっと少ない。けれど一挙手一投足が経営に直結する中小企業の社長たちにとっては『自分＝自分の会社』。プロボノを通じてそうした人たちと間近で触れ合い、働く上での主体意識を取り戻した参加者も多いはず。主体的に考え、動く社員が増えれば、きっと会社や組織も前向きになっていくと思う」

秋元《あきもと》 祥治《しょうじ》

1979年12月、岐阜市生まれ。早稲田大在学中の2001年、岐阜市で学生の就業体験などを通じて地域活性化や地場産業支援に取り組む「G－net」（現在はNPO法人）を設立した。13年に愛知県岡崎市と岡崎商工会議所が設立した「オカビズ」に初代センター長として就任。早稲田大招聘《しょうへい》研究員も務める。

記者コラム 4 安藤 孝憲

書店のビジネス書コーナーにはほぼ必ず「トヨタ本」が並んでいる。世界的企業の仕事術に学びたいと切望する人がいかに多いか思い知る。だが取材で出会ったプロボノ参加者のトヨタ社員十五人もまた、異業種での経験から何かをつかもうと必死だった。

業界の変革期と言われても自分が何をすればいいのか分からないから―。参加のきっかけを尋ねると、異口同音にそんな答えが返った。偽らざる本音なんだろうと感じた。

アポ無しの飛び込み先で足がすくんだこと。成果が出せず無力感にうちひしがれたこと。私も何度経験したか知れない。参加者の多くは同世代だった。「変わりたい」と前向きにもがく姿に共感し、刺激を受けながら記事を書いた。何か大事をなした人の成功談や金言は出てこない。まだ「名もなきトヨタ社員」の等身大の挑戦こそ記録したいと思った。

新聞紙上での連載後、「先進技術を担うべき彼らの派遣先がなぜ、しょうゆ屋や鬼瓦の工房？」と首をひねる人にも出会った。その疑問には人事室の担当者がこう答えていた。「このコロナ禍で『困っている誰かのために』と本気で知恵を絞って汗をかいた経験は、きっと生かせる時が来る」。私もそう信じている。

後日談をもう一つだけ。プロボノ終了後も「延長戦」で商品化に取り組んでいた朝食向けキムチは「にんにくゼロキムチ」の名前で2021年5月、無事発売を迎えた。先日、近所のスーパーで見つけ、最後の一つを買い物かごに入れた。

TOYOTA WARS 第9部

エンジニアたちの挑戦

トヨタの強さの源泉である車両開発の本丸「技術部」で、常にヒット車を生み出すため挑戦を続けるエンジニアらの実像に迫る。単なる自動車メーカーからモビリティカンパニーへの大変革の中、彼らは何を見ているのか。車に込められた思いを探る。

1 章男社長の感性　技術に翻訳

レクサスＬＣ

真っ赤なボディー、低重心の美しいデザインに、人だかりができていた。二〇一二年初め、米デトロイトで開かれた「北米国際自動車ショー」。トヨタ自動車は、高級車ブランド「レクサス」の未来を入れ込んだコンセプト車を出展した。

「いい車だが退屈」。北米でそうやゆされたこともあるレクサスに対するイメージへの起死回生の意味もあった。手応えは抜群で、社長の豊田章男（64）は、新型スポーツクーペ「ＬＣ」の開発にゴーサインを出す。

ただ、さえない表情の男が一人いた。展示車は、量産する技術的な裏付けのないスケッチ段階の車を形にしただけにすぎない。あくまでデザインイメージだ。

後にチーフエンジニア（ＣＥ）として開発を担うその男は、愛知県豊田市の本社に持ち帰り、技術チームと再検討した。これまでのトヨタのやり方では、やはり実車化するのは難しい。本来なら、新型車開発のトップの立場を任され、心が躍る場面のはずなのに…。

「無理です」。クビを覚悟で豊田に告げた。

「そんなの分かってる」。豊田の目が光った。

◇

「それは、今の自分たちにはできないということでしょ。自分たちが変わらないと思ってるからできないんだよ。まず自分たちを変えるところから始めなきゃ。できる自分たちになればいいんじゃないの」

開発責任者であるチーフエンジニア（ＣＥ）を務めた佐藤恒治（51）は、豊田から投げかけられた言葉を思い起こす。

「あの瞬間、体に電気が走った」

自分たちで、勝手に限界をつくっていたことに気付かされた。スポーツクーペ「ＬＣ」は、クルマづくりを担うトヨタの「技術部」の常識ではあり得ない車。その斬新な外観は、今まで通りのクルマづくりでは実現不可能だと感じていた。

ＬＣのチーフエンジニアを務めた佐藤恒治

「責任は俺が取る。失敗してもいいからやってみろ」。豊田の後ろ盾を受けた挑戦が始まった。

なるべく軽くつくる、頑丈さ（剛性）を高める、重量配分を適切にコントロールする—。「良い車をつくるために絶対に外せない技術者としての原理原則、軸はぶらさない」。これだけは徹底し、あとは技術部の「当たり前」を捨てることを決めた。時には試作車が壊れることもあった。「でも失敗すると限界が分かる。限界ぎりぎりまで挑戦すると、その先につながるものが見えてくる」。その連続だった。

2017年に発売したレクサスの新型クーペ「LC」

特にこだわったのは、できばえを最終確認するマスタードライバーでもある豊田の言葉を、いかにクルマづくりに落とし込むか。

「なんか手の内感がないな」「スーって動かない」

試作車のハンドルを握った豊田のコメントは、そんなつぶやきのような、感情的な表現が多い。そこから何を改善すべきなのか、当初は分からなかった。それでも、車載センサーのデータなどで、車両の運動性能を評価・修正する技術力が次第に高まり、試作、試乗、改善を繰り返すことで「感性に基づくマスタードライバーの評価と、データをつなぎ合わせられるようになった」。

他にないデザインと、高い走行性能を両立したLCは二〇一七年に発売。その完成度は、前年の「北米国際自動車ショー」でのお披露目で、「ワクワクする、すごい車だと確信を持って言える」とアピールした豊田の評価が物語る。

佐藤は、LC開発後も、豊田からクルマづくりの薫陶を受け続ける。ある時、ずっと後輪駆動（FR）だった車種を、前輪駆動（FF）に変えることを進言した。操作が車の制御に直結しやすいＦＲは、運転の楽しさを感じやすく、多くのスポーツカーやクラウン、マークⅡなどに採用され、人気を集めた。だが今は運転にこだわる車好きも減り、生産コストが安いＦＦが主流となった。

佐藤も収益面を考えて提案したが、豊田の反応は、またも衝撃だった。「事業的に厳しいのは分かる。でも俺がマスタードライバーをやってる会社から、ＦＲの火を消さないでくれ」。佐藤だけでなく、技術者の多くが心を動かされた。ＦＲとして開発を突き詰めた新型車は好評で、「社長の言葉がなかったら道を間違えていた」と振り返る。

企画、商品化　ＣＥが提案権

トヨタ自動車の車両開発組織は、総称して「技術部」と呼ばれ、製品企画やデザイン、設計などの仕事に分かれる。車種ごとにクルマづくりを指揮・監督する車両開発責任者「チーフエンジニア（CE）」のもとに、それぞれ「Z」と呼ばれる開発推進チームがあり、エンジンや車体、制御、材料などあらゆる部品や機能を検討する。技術部という部署は現在は存在せず、全体の人員規模は明かされていないが、約1万人ほどが所属するとみられる。

開発現場のトップCEは現在19人いる。人事権はないが、開発の段階から原価計算を織り込み、開発構想を練り上げる。商品化までの各段階で、経営幹部に提案する権限を持ち、各車種にCEの独自色を出すことができる。

現在のCEはかつて主査と呼ばれていた。CE制度は、過去の主査・CEの取り組みを通じてできあがった不文律の仕組みで、その先駆けとなったのが、初代クラウン主査の中村健也。初代カローラ主査の長谷川龍雄とともに、「伝説の主査」と呼ばれる。

長谷川は、後進育成のため、指針となる「主査十カ条」を残した。「主査は常に広い知識、見識を学べ」「主査は自分自身の方策を持つべし」「主査はよい結果を得るために全知全能を傾注せよ」などとしており、各時代の主査・CEが、平易な言葉で読み下す形でいまに引き継がれている。

二人から直接学び、後の「プリウス」開発を指揮した和田明広（87）＝元トヨタ副社長＝も、「次の次の車のことまで考えている主査のもとで丁稚《でっち》奉公しながら、主査の細かい仕事を分担し覚えていった」と振り返った。

2 感性磨き　いいクルマを　CEへの道

「文化を知れ」「自分の哲学を持て」「美術館に年何回通ってるんだ」「コーヒー一杯飲むにしても美学を持て」「心が動くトレーニングをしろ」。入社以来、トヨタ自動車の開発の要である技術部で仕えてきたチーフエンジニア（ＣＥ）の先輩たちは「大工の棟梁《とうりょう》」みたいな人ばかりだった。

レクサスのスポーツクーペ「ＬＣ」のＣＥを務めた佐藤恒治（51）は、他社にはないトヨタのＣＥ制度のど真ん中で育った。独特の権限を持つＣＥを中心に、一つの車種に数千人が車開発に携わる。そうした大組織の中でも「（どのＣＥも）人の話は聞かない。協調性はない。個性的な人ばかり。いろんな勉強させてもらいました」と笑う。

「俺のやり方は正解じゃない。だから自分のやり方を見つけろ」。そう言われ続けた。佐藤は京都まで通って、大学院で日本文化の講座を受けたこともある。絵画など芸術を鑑賞し、音楽を聴き、良いものに触れる。そうして磨かれた感性がクルマづくりに生かされる。「好奇心が自分を磨く」。トヨタの歴代ＣＥらは皆、口をそろえて言う。

ＧＲヤリスのイベントで話す佐藤恒治

佐藤はＣＥを経て、レクサス開発を担当するカンパニー（事業体）のトップに就き、二〇二〇年九月からは、スポーツカー「ＧＲ」ブランドのトップも兼務。さらに二一年、社長の豊田章男（64）が自ら長く務めてきた、トヨタ車のブランドを統括するチーフ・ブランディング・オフィサー（ＣＢＯ）も引き継いだ。トヨタ、レクサス、ＧＲ、それぞれのブランドを分かりやすく定義し、クルマづくりを通じてその価値を高めていくことが求められる。

「トヨタは安心安全、品質への信頼。レクサスは安らぎや

2020年発売された「GRヤリス」。GRブランドは「ワクワクドキドキ」を感じることを目指す

落ち着き、充足感、満足感。GRはワクワクドキドキするような感情」と各ブランドを定義しつつ、今後の新型車への展開に頭を巡らせる。

トヨタブランドを託された身として、どうすべきか。実は、豊田と直接やりとりすることが多くなり、豊田の言葉は、昔のCEらと同じだと気付いた。

豊田には「自動車には、人間の感情に訴えるような魅力が常に備わっていてほしいから、車をつくる人間も感情が豊かに動いてほしい」との思いがある。佐藤は、CBOを引き継ぐに当たって、心が動くトレーニングをこれまで以上に意識してするようにしている。あらゆる分野の本を読む。技術力をうまく生かすために、感性を鍛える。「同じものを見ても、感じない人は感じない」から。

「もっといいクルマをつくろうよ」。豊田が〇九年の社長就任以来、社内に呼び掛けてきた抽象的な言葉に、当初、社員らは戸惑った。

佐藤も含め、全員がもっといいクルマってなんだろうと自問自答した。それが今、「これまでなかった新しい、能動的な動きを生み出す原動力になっている」

ところまできたと感じている。

新型コロナウイルス禍の中でもタイムリーに新型車を発売し、二〇年のトヨタグループの年間販売台数は、九百五十二万台と五年ぶりに世界首位に返り咲いた。世界中の顧客から最も選ばれた自動車メーカーとなったのは、社員が一丸となって「いいクルマづくり」を目指してきた一つの成果と言える。

創業以来八十年以上の歴史の中で、大勢の技術者が作り込んできた「機能品質」はトヨタの根幹だ。この伝統を守りつつ、これまでの枠を飛び越えてでも、ブランドの「感性品質」をどこまで高めていけるかが今後の挑戦となる。開発現場で全体のかじ取りをするのはCEだが、トヨタの「総力戦のクルマづくり」は今も昔も変わっていない。

3 「セダン消滅」 葛藤と覚悟

新生クラウン

「トヨタ自動車と秘密保持契約を締結する」。仰々しい文言の並ぶ書面にサインした関係者のみが見ることを許された映像の中で、社長の豊田章男（64）がほほ笑みながら語っていた。世界中の販売店関係者に向け、四年に一度、トヨタが今後の戦略を示す「世界大会」。二〇二〇年十一月、新型コロナウイルス禍のためオンライン開催された。

秘密保持を求めたのには、訳がある。高級セダン「クラウン」の次期モデルのイメージを公開してしまったのだ。発売まで数年かかる車のデザインを明らかにするのは、極めてまれ。「今やどこにも聖域などないのです。私は新型クラウンを、これまでの概念にとらわれず、新しい視点で考えるよう（開発陣に）お願いしました」

「言っちゃったなあ」。映像を見たチーフエンジニア（CE）の田中義和（59）は頭を抱えた。どんなクラウンを生み出せば、時代に合い、ユーザーに受け入れられるのか。胃が痛くなるほど考えている最中だったからだ。

豊田が示唆したのは、大胆なモデルチェンジ。初代の発売から計十五代、六十六年の歴史があるトヨタのフラッグシップ（旗艦）セダンが、スポーツタイプ多目的車（SUV）に似た、まったく新しい車形になるとみられている。

クラウンのCEを務める田中義和

田中は、二〇年末に発売された燃料電池車「ミライ」をCEとして二代続けて開発したベテラン。今年からクラウンのCEも兼務し、上司から「企業価値、企業ブランドを考える」という課題を与えられた。トヨタを代表する車のCEだからこその使命でもある。

赤面しながら今の自分と重ね合わせるのは、トヨタの創業期に、寝る間も惜しんで車開発に励んだトヨタマンたちの姿だ。創業者の豊田喜一郎が掲げた「日本人の手で国産車をつくる」との理念を実現すべく、一丸となって取り組んだ。その第一弾の純国産車が一九五五年発売のクラウン。それ以来の変革を今、起こそうとしている。

「トヨタのフィロソフィー（哲学）である産業報国の原点に、クラウンがある。そこが変われば、トヨタが変わる」と田中は思う。

ゴールが見えているわけではない。世界大会前、セダンでなくなることが報じられ、ネット上には「本当にやめるの？」「ＦＲ（後輪駆動）セダンの消滅は悲しすぎる」といった投稿が相次いだ。

世間の反応に「実は世の中は、変わらないものこそを求めているのではないか」と迷いは一層深まった。ただ、これまでの経験から「途中で苦しい思いをすればするほど良い車になる」とも知っている。今なら、大胆に変革できるとの直感もある。

これまでは、四〜六年おきに全面モデルチェンジするのが技術部の「当たり前」だったが、今はもうない。豊田はかつて、変革を妨げる巨大組織の象徴として、山崎豊子の小説に例え「白い巨塔」と技術部を呼んだ。最近は、閉ざされた組織の壁は低くなり、他部署と連携して開発に集中できる環境が整いつつある。

どう生まれ変わるのか。「日本を代表する高級車であり、トヨタのフラッグシップ。そこは変えて

２００８年に開催された、初代〜７代目までのクラウンの展示会。トヨタのフラッグシップセダンにも変革が求められている＝石川県小松市の日本自動車博物館で

はいけない。想像以上に変えようとしているし、一つの車に納まるかどうかも分からない」。田中は額の汗を拭った。悩み抜いた先に、新時代のクラウンがある。

カローラ「平均値ではつまらない」

クラウン以外で、長く愛されるトヨタの代表車種といえば、カローラがある。初代の発売は1966年。日本のモータリゼーションを支え、世界150カ国以上で販売される人気セダンだ。2019年発売の12代目を開発したCEの上田泰史（52）は「大衆車ではあるが、プラスアルファ、ちょっとした憧れを追求するのがカローラ。長く続いてきたブランドだが、変化のDNAがある」と定義する。

CEに就いたのは15年。11代目のユーザーの平均年齢は60歳を超えており、カローラの存続に危機感を抱いた。「多様な消費者が求める平均値、真ん中に寄せたカローラではつまらない。とがった部分を、大きな懐に入れる形を目指す」と心を決めた。

カローラCEの上田泰史

2019年発売のカローラツーリング

そして完成したハッチバックの「カローラスポーツ」と、ワゴンの「カローラツーリング」は、若いユーザーにも受け入れられている。SUVの「カローラクロス」も発売予定だ。

一方、排気量が増し、車幅が広がった12代目を敬遠するユーザーも一定数おり、11代目の販売も続けている。「すべてのお客さまが求めているものをつくる難しさがあるのもカローラ。正解はない」

4 早朝ランで練る 未来の戦略 アルファード

夜が明けきらぬ午前五時、トヨタ自動車の吉岡憲一(53)は、ランニングウエアで家を出る。岡崎城(愛知県岡崎市)近くを走りながら、頭の体操をする。日課の十キロランニング中にひらめきがある。

高級ミニバン「アルファード」のチーフエンジニア(CE)を二〇一〇年から務める。一五年発売の三代目は、豪華な内装、ゆったりとした後部座席が特徴で、ファミリー層だけでなく、経営者などVIP送迎車としての地位を確立。中国では、所有者のセンスの良さの象徴として、定価から上乗せしたプレミア価格でも飛ぶように売れる。

発売時のキーワード「大空間高級サルーン」も走っている時に思いついた。「昔のCEには、枕元メモと言って、寝る直前に思い浮かんだ発想を書き留めて翌朝、部下に意見を聞くアイデアマンもいた。私の場合、毎朝のランニングが、戦略を練る大事な一時間」と爽やかに語る。

アルファードCEの吉岡憲一

CEになる前は、六代目カムリなどの開発に携わった。当時、開発の全責任を負うCEは「めちゃくちゃ怖い」絶対的な存在で、仕事は先輩の背中を見て覚えるしかなかった。

だが、生産規模や組織が大きくなり、仕事も細分化した今、かつてのCEと同じやり方は通用しない。設計図でおかしな線を見つければ、自ら設計担当者のところに出向いて「ちょっと変なところあったよ」とやんわり修正を促す。立場の強いCEが頭ごなしに命令すれば相手を萎縮させるだけで、仕事が回らない。

「がんがん正論を言って、うまくいった試しがない。人に寄り添い、かみ砕いて説明してやる気にさせるのが大事」。絶対に怒らないようにする「自分との闘い」だと言う。

吉岡にとってCEとは「おぼろげな将来の車のイメージを、説得力によって実現する究極の自分ごと」として取り組む人であり、その根底にあるのは「人を大事にした開発」だ。

三代目の開発中だった。後部座席の乗降時に握るアシストグリップは、エアバッグの設計上、幼児の手が届かない位置にあった。ある時、五歳だった吉岡の息子がグリップに手が届かないので、ドアの金具に指をかけて乗り込もうとした。気付かず吉岡がドアを閉めてしまい、息子はツメがはがれる大けがをした。

後日、チームでの雑談で触れると、みな黙り込んだ。具体的な指示はしなかったが、自発的に担当者が設計を見直し、旧型の四倍の長さの幼児でも手の届くグリップを実現させた。「個々人がやる気になってパワーがマックスになれば、不可能はない」。新グリップは、息子の名前にちなんで、チーム内で「滉《こう》太郎グリップ」と呼ばれている。

ＣＥと開発メンバーとの関係は、昔と比べ大きく変わった。ただ、ＣＥが二代先、三代先の車のことも念頭に置きながら開発する大切さは変わらない。温室効果ガス排出の実質ゼロ（カーボンニュートラル）実現が課題となる今、より重要になっている。

3代目アルファードでは、長くなったアシストグリップが両サイドに付いている＝名古屋市昭和区のトヨタカローラ愛豊で

「高級ミニバンは、他メーカーが手を付けられないブルーオーシャン（競争のない市場）。もしカーボンニュートラルな車を実現できなければ、せっかくの市場がなくなってしまう。電動化のため、大容量電池を搭載できるようにすることが、今のCEの役割」ときっぱりと言う。

新技術を搭載するためだけの車両開発ではない。CE制度の先駆けとなった初代クラウン開発主査の中村健也ら歴代主査・CEが進めた、世の中のニーズに応えるクルマづくりだ。

電動化に加え、自動運転技術も取り入れた安全でかつ環境にやさしいミニバン。どんな家族がどんなふうに乗るのかなあ―。おぼろげなアルファードの将来像に向け、吉岡は今日も朝から走る。

2015年発売の3代目アルファード

5 とがった発想　工場も進化 「生技」

「技術部」がある愛知県豊田市の本社から北西へ五キロ。「クラウン」や燃料電池車「ミライ」など、トヨタを代表する車種を生産する元町工場（同市）に、量産車を安定して製造する生産技術の開発部隊が入る建物がある。

その名も「生技《せいぎ》」。全世界にある工場の生産設備を統括する。彼らの了解がなければ、チーフエンジニア（CE）でさえ、つくりたい車を実現できない。技術部と双璧をなす、トヨタのもうひとつの聖域だった。だが「今やどこにも聖域などない」という社長の豊田章男（64）の言葉に偽りはない。誇り高き生技も、変革の時にある。

「良い設備をつくることばかり考えていて、自分にとってのお客さんは工場だった」。生技のトップ・車両生技領域統括部長、中村好男（54）が、若かりし日を語る。入社した一九九〇年代初めから二〇〇〇年代まで、トヨタは世界中に工場を新設し、生産台数を増やしていた。生技の役目は、高品質な車を大量につくるため、いかに生産性が高い設備を開発するか。中村は、技術部が持ってくる設計図面に目を通し、生産性が悪い部分を指摘し突き返していた。本当のお客さんであるユーザーが、どんな車に乗りたいか考えたこともなかった。

車両生技領域統括部長の中村好男

そんな生技の当たり前が変わり始めたのは、豊田が〇九年に就任し、「もっといいクルマづくり」を社内に呼び掛けてから。すぐに腹落ちしなかったので、まずは開発の本丸、技術部が、どんな車をつくろうとしているのか、理解することから始めた。デザインを練るクレイモデル（模型）を見に行った。社内の

中村が「とっきんとっきんにとがらせた」と表現するレクサスＩＳのトランク上端部＝名古屋市千種区のレクサス星ケ丘で

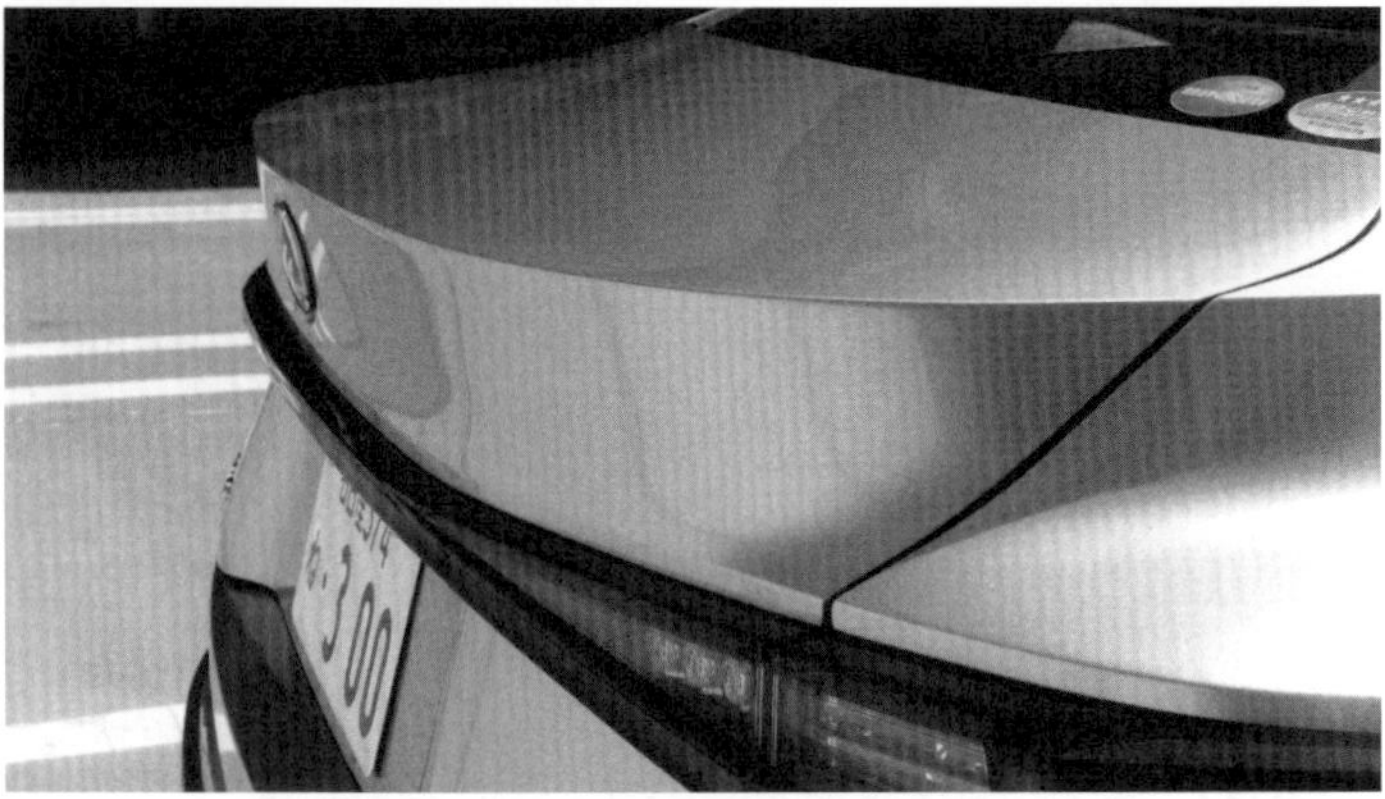

テストドライバー免許も取得し、開発中の車を運転した。技術部で二年間、車体設計も経験。次第に、違う角度から車を見ることができるようになった。

例えば、鉄板をくっつけるスポット溶接。溶接場所（打点）が多いほど、車の頑丈さ（剛性）が高まり走りが良くなる。実際に打点を増やした車に乗ってみると、走りに大きな違いが出ることに気付いた。当然、打点が少ない方が工程が減り、生産性は上がる。生産性を保ちながら、「もっと打点を詰めて剛性を上げたい」という技術部のニーズに応えるには、どうすべきか。レーザーを使った世界初の溶接技術を開発した。

プレスや塗装など生産技術の「機能軸」から、消費者や市場が求める「クルマ軸」の開発へ―。その流れは、一六年に小型車や中型車など製品ごとに車両開発するカンパニー制を導入したことで加速。各カンパニーに生技が入り込み、企画段階から一緒に生産技術を検討する体制が完成した。

目に見える成果となったのは、二〇年秋発売した高級車ブランド「レクサス」のスポーツセダンＩＳ。ショールームに並ぶ展示車の中でも、その鋭い直線的なデザインは際立っている。

こだわりは「とっきんとっきんに（鋭く）とがらせた」後方に突き出たトランクの上端部。とがりを出すための曲線の半径は、これまでのやり方ではプレス時に鉄板が割れてしまう値だったが、設備を見直し、新たに工法を生み出した。

「生技」の枠にはまっていたらできなかった。「割れてしまうからと曲線半径を大きくしたら、かっこいい外観がなくなる。どうしたら割れないか計算し、取り組んだ結果」と胸を張る。

量産を支える生産技術の開発にも進化が求められている。消費者ニーズはますます多様化し、今まで通り、生産性を上げて大量につくるだけでは立ちゆかない。二〇年、カーレースの車づくりを工場に取り込んだ「ＧＲファクトリー」を新設したように、種類も生産台数も柔軟に変動できる生産ラインが求められる。

「車はこれからどんどん変わる。生産性と新技術創造の両立に向け、もがきます」

2020年11月発売のスポーツセダン・レクサスＩＳ

6 「完成」なきソフトの時代 自動運転システム

トヨタ自動車の燃料電池車（ＦＣＶ）「ミライ」が、高速道路を疾走している。ドライバーは、ハンドルを握っていない。

入り口から本線に合流、走行車線から車線変更、低速車の追い越しまで。高速道路という限定エリアで、運転主体はあくまで人だが、ほとんどすべての操作をシステムが担っている。

最新の高度運転支援システムを搭載して二〇二〇年四月十二日に発売されたミライの実走映像では、高速道路での自動運転をほぼ実現している。

このシステムの開発を担ったのが、自動運転開発トップの先進安全領域統括部長、鯉渕健（54）。トヨタ入社後、ブレーキやハンドル、エンジンなどの統合制御、アイドリングストップなど車両制御システム開発を幅広く手がけ、満を持して自動運転の担当室長になった。

開発は一四年から本格的に始まった。自動運転といっても、何を目指すか。方向性を決めるに当たって社長の豊田章男（64）に言われたのは、「自動運転は、手段であって目的じゃない。お客さまに、こういううれしさを提供したい。そのために自動運転技術が必要」という発想の転換。自動化の程度を示す「自動運転レベル」に重きを置いてはいない。

「ユーザーが使いやすくて、うれしさを感じる」。目指す方向性は決まったが、大きな壁にぶつかった。自動運転の車は、人が行ってきた周辺状況の把握、判断、操作をすべてシステムが担う。それに

最新の高度運転支援システムを搭載して高速道路を走る燃料電池車ミライ＝トヨタの発表動画より

は、膨大なソフトウエアが必要。鯉渕も認識していたが、その分量は従来の比ではない。

　一八年、自動運転ソフト開発を担う関連会社「TRI－AD」（現「ウーブン・プラネット・ホールディングス」）ができ、米グーグルで自動運転部門を立ち上げたジェームス・カフナー（50）が最高経営責任者（CEO）に就いた。カフナーが言うには、車載ソフトを効率的につくるには、その十倍近い分量の開発ソフトが必要になる。

　車載ソフトに間違いがないか確認し、コンピューター上で誤作動を起こさないかテスト。さらに車に搭載しテストコース、公道で実走する。一連の工程をすべて自動化できるシステムがなければ、信頼性の高い自動運転は不可能だ。

　果てしない作業のようだがスピード感は欠かせない。自動車業界のみならずIT業界も参入し、車載ソフトの基盤を制しようと、全世界で開発競争の真っただ中にある。

　鯉渕は「新たな歴史の一ページを作るような変革が必要。エンジニア人生で一度あるかないかの変化に関われることは本当に幸せ」と力を込める。

鍵になるのが、「ソフトウエアファースト」の考え方だ。車というハードウエアづくりとソフトの開発はやり方もスピード感も違う。ハードに先行してソフトの基盤を開発する「ソフトウエアファースト」へ転換しなければ、次世代の車は成功しない。

この開発手法を用いた「初代」の車とも言えるミライとレクサスLSには、車載ソフトが、常に最新になるよう更新を繰り返す次世代機能「OTA（オーバー・ジ・エア）」を採用した。発売後にユーザーが使い勝手や乗り心地の悪さを感じたり、何らかの不具合が見つかったりすれば、車両制御の最新ソフトを配信・更新してもらう。スマートフォンで使うアプリを最新版にアップデートするのと同じ要領だ。

「車のエンジンやブレーキは十年たっても魅力は落ちないが、ソフトはそうはいかない。OTAで、車の魅力を長く保てる」と鯉渕は言う。車というハードの品質に自信があるからこそ、最新のソフトが生きる。

鯉渕は「これからの車は発売後も、（ユーザーの）使用状況を分析し、常時ベストを目指した改良が続く」と言い切る。車両開発に向かう姿勢の転換が求められている。

自動運転ソフトウエア開発を指揮する鯉渕健

7 「原点は環境」 胸刻み課題挑む EV

幅三メートルほどの細い路地を、青い小型車がゆっくり進む。行く先は愛知県豊田市の山間地に近い集落にある高齢者宅。小回りのきく車両はくるりと向きを変え、建物の脇をバックで進み、玄関前に楽々と停車した。

トヨタ自動車が二〇二〇年末に発売した超小型電気自動車（ＥＶ）「Ｃ＋ｐｏｄ（シーポッド）」。豊田地域医療センターは二一年二月から、訪問リハビリに使っている。

まず法人・自治体向けに販売しているが、その後のメインターゲットは高齢者。「トヨタが提供できる最大の幸せは、お客さまが亡くなるまで、好きな時、好きな場所に、安全に自分で移動してもらうこと」。チーフエンジニアの豊島浩二（59）が開発の思いを語る。

二人乗りだが、自動ブレーキなど安全機能も充実させた。車を運転できなくなっても移動できるよう、シーポッドのほか、立ち乗りや座って乗る一人乗りＥＶも同時開発した。人の近くで寄り添うからこそ、排ガスのないＥＶがふさわしいと考える。

トヨタは東富士研究所（静岡県裾野市）で、数十年前から

ＥＶを開発するチーフエンジニアの豊島浩二

ひそかにＥＶの研究を続けてきた。豊島は、一五年発売のハイブリッド車（ＨＶ）の四代目「プリウス」、さらにプラグインハイブリッド車「プリウスＰＨＶ」を開発し、一六年にＥＶの製品化事業を始めた。

当時ＥＶは、日産自動車の「リーフ」はあったが、米テスラがようやく知られるようになった程度。社内でも「本当にＥＶをやるのか」という雰囲気があり、「初代をつくるのはけっこうしんどかった」と明かす。

社内ベンチャーとしてスタートした当初のメンバーは、たった四人のみ。環境車の先駆けとなった初代プリウス（一九九七年発売）を開発した先輩たちの苦労を身に染みて感じた。「商品がなく、自分たちの考えを言っても空論になる」状況を耐え忍び、第一弾となる超小型ＥＶを発売するところまでこぎ着けた。

シーポッドに積む重さ七十キロの電池は、充電能力が弱くなった後は家庭用やコンビニ店舗などの蓄電池として再利用する計画。そして最後に廃棄する時はリチウムなど有価物を回収する。電池を有効に使う持続

細い道を進むトヨタの超小型ＥＶ「シーポッド」＝愛知県豊田市で

可能な社会を目指したい。「そういう社会をつくっていくきっかけとなるのが超小型ＥＶ。得られたノウハウを、次のＥＶにも活用する」と見据える。

スバルやダイハツなど協業相手も加わり、四百人を超えた組織となった今、取り組んでいるのは航続距離の長い本格派ＥＶだ。既存のガソリン車などをＥＶに転換するのではなく、今後のトヨタのＥＶの基本骨格となる専用プラットフォーム（車台）もイチから開発した。

温室効果ガスの実質排出ゼロ（カーボンニュートラル）への対応が叫ばれ、世界でＥＶ開発競争が過熱している。ＨＶでエコカー市場をけん引してきたトヨタが、本腰を入れ開発したＥＶ。その性能にはいやが応でも注目が集まる。

豊島は「ＥＶでなければカーボンニュートラルにならないという誤解がある。エネルギー事情など地域に合わせた車であるべきで、不自由なく使えることが何より大事。航続距離を伸ばす競争ではなく、ＥＶは環境車なんだという原点に返るべきだ」と淡々と語る。

ＥＶにはまだまだ課題が多い。「価格、電池の劣化、航続距離、充電の利便性。これらを地道につぶしていくことで、トヨタらしさが出てくる」と言う。

トヨタのＥＶは電池があまり劣化しない、冬場でもほとんど航続距離が落ちない――。ＥＶであっても、ずっと大事にしてきた「みんなが共通して『この車って良いよね』と幸せを感じられる」クルマづくりを外したくないと思う。

PICK UP　CASE（ケース）

世界の自動車メーカーや部品メーカーはいま、「CASE（ケース）」と呼ばれる次世代技術分野における研究開発を迫られている。毎年一兆円を超える研究開発費の約五割を同分野に投じるトヨタ自動車の豊田章男社長は「CASEの技術革新によって、車の概念が大きく変わり、競争の相手も、ルールも大きく変化している」と強調。CASEが引き起こす自動車業界の大変革に危機感をあらわにする。

CASEは、車がインターネットに接続するコネクテッド（C）、自動運転のオートノマス（A）、車を共有するシェアード（S）、電動化のエレクトリック（E）の頭文字による造語。二〇一六年に独ダイムラーが提唱し、業界で広く使われるようになった。

コネクテッドのCでは、従来のカーナビを通じた情報配信に加え、車両の位置や走行状況などを、車に搭載した通信機を介して収集。適切な時期での車両点検の提案や、緊急時のオペレーターによる各種サポート、災害時に通れる道路情報の更新などのサービスに活用される。米テスラがいち早く手がけ、トヨタも一部車両で二一年に導入した「OTA（オーバー・ジ・エアー）」と呼ばれる車載ソフトウエアの自動更新も、いずれ当たり前の技術になると予想される。

オートノマスのAは、人による運転操作を、システムが担うための自動化技術。自動車メーカーだけでなく、米グーグルや米リフト、中国バイドゥなど、世界のIT大手や配車サービス大手も研究開発に力を入れており、シェアードのＳと組み合わせた、自動運転の移動サービスとして、すでに実用化が始まっている。

個人所有の車でも、二一年にホンダが、渋滞など限られた条件で、完全にシステムに運転を任せる自動運転「レベル３」の車を世界で初めて発売するなど、開発競争は激しい。

いま世間で最も注目されているのが、エレクトリックのＥ。各国政府が五〇年や六〇年までの達成を目指す温室効果ガス排出の実質ゼロ（カーボンニュートラル）に向け、車両の電動化で、いかに二酸化炭素（CO_2）排出を減らせるかが鍵を握る。

ガソリン車の販売禁止政策に呼応するように、欧米メーカーを中心に、走行時にCO_2を排出しない電気自動車（ＥＶ）の開発が熱を帯び始め、ホンダも、四〇年までに新車販売のすべてをＥＶと燃料電池車（ＦＣＶ）とする目標を掲げた。米ＩＴ大手アップルや、台湾の電子機器受託製造大手「鴻海（ホンハイ）精密工業」などによるＥＶ参入も現実味を帯びており、自動車メーカーを頂点に部品メーカーが連なる従来の垂直統合型の産業構造が大きく崩れる可能性もある。

トヨタは、製造時を含めたCO_2排出量では、得意とするハイブリッド車（ＨＶ）やプラグインハイブリッド車（ＰＨＶ）の方が、ＥＶより少ない地域もあるとして、フルラインアップでの電動化戦略を進める。三〇年に、世界販売の約八割の八百万台を電動車とする目標を掲げ、水素エンジン車も開発して、消費者の選択肢を広げる。

「CASE」分野で開発が進む技術やサービス

- 電池、モーター
- 熱マネジメント
- CO_2 排出削減
- カーシェア、ライドシェア
- 送迎サービス
- センサー、カメラ
- 車載コンピューター
- 人工知能（AI）
- 通信技術
- ソフトウエア自動更新（OTA）

（写真は2018年10月にソフトバンクとの提携を発表するトヨタ自動車の豊田章男社長＝同社提供）

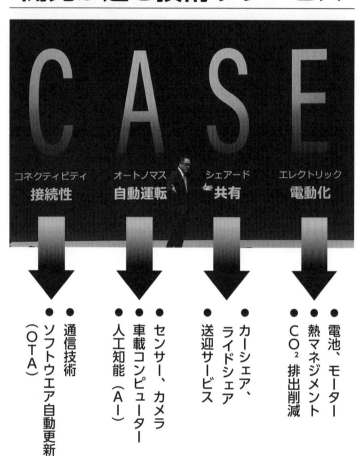

8 世界中の酷使 進化の糧 ランクル（上）

UAEでラクダを運ぶランドクルーザー

トヨタ自動車の四輪駆動オフロード車「ランドクルーザー」が、北アフリカの砂漠地帯を行く。改造した荷台には百人ほど乗っているが、びくともしない。中国の川では、ボンネットまで水につかって急流を渡っていく。ロシアのツンドラ地帯では、でこぼこの路面を突き進む。

オーストラリアの荒野にポツンとたたずむ宿。三十年間切り盛りしてきたお婆ちゃんが、送迎や買い出しに駆ったのもランクルだった。トヨタが「必ず帰ってこれる車」と公言し、同社で最も長い歴史を持つ車でもある。

二〇二〇年まで十三年間、チーフエンジニア（ＣＥ）を務めた小鑓《こやり》貞嘉《さだよし》（61）は、中東、南米、アフリカなど八十カ国二千カ所を訪れ、ランクルがまさに生命線として活躍する姿を見てきた。二一年で発売から七十年、百七十カ国以上で販売されるランクルが、「キングオブ４ＷＤ」と称される由縁だ。

世界中にいる根強いファンから「ランクルの伝道師」と呼ばれる小鑓。学生時代はラリー競技に没頭して過ごした。入社後、最初の配属がピックアップトラック「ハイラックス」のサスペンション開発だった。以来三十五年、ランクルに代表される、はしご状の頑丈な鉄の車台（フレーム）にエンジンなどを載せるフレーム車開発に携わってきた。

地球上すべてがテストコースと言わんばかりに、トヨタの「現地現物」を実践し、不具合が出ると現地に出向き、生の声を聞き、耐久試験に生かしてきた。小鑓は「クルマづくりは、お客さまの思いを代弁するものだ」と信じる。

ユーザーがランクルに求める信頼性・耐久性・走破性の三つは、二〇二〇年で累計販売一千万台を超えた歴史を通じ変わることはない。

オーストラリアでは、五百キロ以上先にしか給油所がないことを示す看板があった。営業しているかどうか分からない遠くの給油所まで故障せずに往復できるのか。コロンビアでは、タイヤがパンクし外れたままでも走り続けるのを見た。だから開発ではまず壊すこと、まさかの状況を考える。トヨタの設計基準で満足してしまえば、想定外の使い方をするユーザーの命を守れないからだ。

実際に「フレームが切れた（折れた）」現場があった。パプアニューギニアでは、高地にあるガス田に続く道を切り開くため、重機を積んで急な坂を毎日上り下りしていた。オーストラリアでも、山中に電信ケーブルを通す電柱を建てるために、道なき道を進んでいた。いずれも「路面は想定内だったが、それほどのストレスをかけた状態で繰り返し使われるとは思っていなかった」

そんな現場にぶつかるたびに信頼性を確かめる試験が増え、実車評価（テスト）の距離も伸びる。

ランドクルーザーのCEを2020年まで務めた小鑓貞嘉

現行型の評価距離は、地球二十五周分、百万キロに及んだ。

七十周年となる二一年、ランクルは全面改良を予定する。頑丈さはそのままに、盗難防止のための指紋認証など新機能を追加する。

小鑓は言い切る。「ランクルが運ぶのは、お客さまの命と荷物と夢。モデルチェンジする時は、現行型よりも壊れない車でなければ乗り継いでもらえない。ランクルへの信頼は（頑丈さへのこだわりを）変えないことにある」

9 「壊れない」ための10か条

ランクル（下）

「ランドクルーザー70周年記念日まで××日」

トヨタ自動車の歴史で最も誕生が古い四輪駆動オフロード車「ランドクルーザー」のチーフエンジニア（CE）を長く務めてきた小鑓貞嘉《こやりさだよし》（61）は毎日、自分のSNS（会員制交流サイト）でカウントダウンとともに、世界各地で活躍するランクルの写真や映像を公開する。

二〇二〇年、六十歳の定年を迎え、CEを後進に譲ったが、ランクルに向ける思いは変わらない。

小鑓は後進の育成や情報発信に力を入れる

信頼性・耐久性・走破性。歴史が紡いだ三つのキーワードが損なわれることがないよう、二一年発売を予定する新型の開発現場で、後輩たちの仕事に目を光らせる。

力を入れるのが、自分まで九代続いた主査・CEが中心となって手がけた、ランクルの歴史を継承する活動だ。ここ二年で、社内やサプライヤーなど計約六千人に講演したほか、愛好家が本を出版する時なども協力してきた。使い手に寄り添い、その声を形にする、トヨタ自動車の「現地現物」のクルマづくりを徹底してきたことを、今は語り部のように発信している。

戦後の混乱期、国内各メーカーが四輪駆動車の自社開発を目指す中、一九五一年に完成し、警視庁のパトロールカーとして採用された。初代の開発責任者であった梅原半二は、走破性を知らしめるため、富士山の六合目まで上る「金字塔」を打ち立てた。その名は、ジープ、ランドローバーといったライバル車に打ち勝つ意味合いを込め、クルーザー（駆逐艦）とした。

米国市場での黎明《れいめい》期だった五〇年代後半、唯一売れたランクルで築いた品質への信頼が、トヨタの「看板」となり、他車種の拡販につながった。新興国でも、「ランクル品質」が市場を切り開いた。当初苦戦した国内でも、三代目主査の関野健郎が、濁点を取った方がイメージが良いとして「ランクル」を愛称として販売。今では、国内だけでなく、東南アジアでも広く通じる。

　こうした歴史とともに小鑓が語るのは、発売から六十年の節目だった十年前に自らまとめた「ランクル担当者の心得十か条」だ。七十年の節目だからこそ、再び強調する必要がある。

　現地現物を基本に十分な観察力・洞察力を発揮すべし。自然にはTS（トヨタ技術部の評価基準）を超える厳しい使用環境があることを認識し開発に挑むべし。常に競合車、新技術・新機構をベンチマークし世界をリードすべし――。

　ランクルは壊れない、だから地球上で最後まで残る車になる。それを実現する開発担当者には、特殊な能力が求められると、小鑓は考える。「他の車種とは使わ

ランクル担当者の心得10か条

1. 現地現物を基本に十分な観察力・洞察力を発揮すべし
2. ランクル使用環境下において号口（現行型）同等、もしくはそれ以上の性能を有することを確認すべし
3. 自然には技術部評価（TS）を超える厳しい使用環境があることを認識し、体得し開発に挑むべし
4. 歴代のランクル・先人達に対して敬意を払い、知見を探求すべし
5. 他車流用を「実績あり」とせず、ランクルとして本当にいいかと疑うべし
6. ランクル開発を通じて部下の人財育成を図り、得た知見の蓄積・伝承を徹底すべし
7. 不具合が発生した場合、当事者意識を持ち自ら現地に出向き、直すことに全力を投じるべし
8. オンロード性能とオフロード性能の両立化についてはランクルとしてよく議論すべし
9. アンテナを高くし、常に競合車、新技術・新機構をベンチマークし世界をリードすべし
10. King of 4WDとしての“信頼性・耐久性・走破性”へのこだわりを持ち開発に挑むべし

ランクルは地球上で最後に残るクルマであると認識し開発に臨むべし

れる環境が違うし、お客さんが違う。人材育成も違ってくる」

思いを形にできる改善能力、世界中の競合車に精通する評価能力、そして世界中の道でテストできる運転能力。それは地道に現場に出向き、ひた向きに実践し続けることでしか培われない。心得十か条は、これからもランクルへの期待に応え、成長を続けるための土台となるのだ。

「クルマづくりは、いかに情熱を傾けられるか。ぼくは、自分とお客さま、双方の意思、魂を込めた車をつくってきた。その情熱を感じてくれたら、人はついてきてくれる。七十年はまだ細い木だが、次の百年に向けていま未来を考えている」。熱く語る小鑓の思いは、まず新型ランクルに受け継がれ、トヨタ車へのさらなる信頼へと広がっていく。

TOYOTA WARS 第10部

もっといいクルマ

トヨタ自動車の社長、マスタードライバー、レーサー・モリゾウ――。幾つもの顔を使い分ける豊田章男氏だが、共通するのは「根っからのクルマ好き」であるということだ。自らモーターレースの現場でハンドルを握り「もっといいクルマをつくろうよ」と社内に呼び掛けてきた。車開発の最前線に立つトヨタのトップに密着した。

第10部

1 壊れるまで試乗 「GRヤリス」

ヘルメットをかぶり、運転席に滑り込む。体重をかけて右足で思いっきりアクセルを踏み込む。グワーンと高鳴るエンジン音。サーキットに出たら、自分だけの世界が広がる。

二〇二一年三月下旬、サーキット「ツインリンクもてぎ」（栃木県茂木町）で開かれた「スーパー耐久シリーズ二〇二一」の第一戦。青と黄色の迷彩模様に彩られたトヨタ自動車の小型スポーツ車「GRヤリス」を、レーサー名「モリゾウ」こと、トヨタ社長の豊田章男（64）が縦横無尽に操っていた。五時間の耐久戦を四人のドライバーでつなぐ。

運転中は、全身の感覚を研ぎ澄ます。加速、ブレーキ、コーナーを回るといったどの瞬間も、車が発するサインを見逃さないように集中する。豊田は運転を「車と対話する」と言う。

新型車の発売前に最終チェックをする「マスタードライバー」の豊田が、開発当初から試乗を繰り返し、現場でエンジニアらとつくり上げたのが、GRヤリスだ。レースカーの開発手法を市販車に落とし込んだ、トヨタでは初めての試みの車でもある。開発責任者の齋藤尚彦（48）は「私は開発実行部隊で、チーフエンジニアはモリゾウさん」と話すほど、豊田は現場でエンジニアらと、とことん向き合った。

開発一号車が出来上がり、真冬の北海道に豊田は飛んだ。網走のテストコースでハンドルを握って走り始めたら制御不能になり、雪山に突っ込んだ。「社長が事故だ！」と真っ青な顔で走り寄った齋藤らに「(運転感覚が）気持ち悪いね」と、淡々とした表情で車から降りてきた豊田。齋藤は「命を懸けてるな」と覚悟を感じた。

新型コロナウイルス禍で隔離していた愛知県内の施設近くのダートコースで、発売直前になっても豊田は「車が壊れるまで」試乗を重ねた。一分一秒を管理される社長業の間隙《かんげき》を見つけては、一緒に開発に携わったレーシングドライバーらと国内各地のレース場、テストコースで出来具合を確認し続ける。

ハンドルを握っている時は、雑音が消える。「いつも誰かからの報告を受けていたり、静かな時って、本当にない。運転してる時は、自分だけだから」と豊田

GRヤリスのハンドルを握りコースを周回するトヨタ自動車社長の豊田章男＝栃木県茂木町のツインリンクもてぎで

は言う。運転席にいる孤独な時間が、自分の車への思いと真摯《しんし》に向き合える貴重な場でもある。

一六年の暮れ、豊田がGRヤリス開発の指示を出した時、齋藤らへの注文は二つあった。「走りにこだわれ」と、収益面で「赤字にするな」。

走りへのこだわりは、豊田自らが主導してみせた。価格への挑戦は、トヨタのチーフエンジニアなら誰もが乗り越えなくてはならない高い壁だ。齋藤らは「大量生産の効率の考え方を一回やめた」。部品一点ずつを見直し、部品メーカーに「設計図は僕らが直しますので、既存の設備でやってほしい」と生産コストの低減を懇願して回った。約五十年前の生産設備を利用したケースもあった。

「もっといいクルマづくり」に生産現場も反応した。少量生産の高級スポーツカーの生産方式を参考にし「GRファクトリー」という専用の生産ラインをつくり上げた。組み立てるのは、各工場から集まった「匠《たくみ》」と呼ばれる精鋭たち。あえて手作業にした工程も織り交ぜ、トヨタ独自の新生産方法をものにした。

年間生産台数二万五千台以上のGRヤリスは、海外の辛口自動車雑誌などで、「レクサスの車種でも得られなかった」（齋藤）という十点満点の評価を得るほど、クルマ好きから支持を得ている。

発売して半年以上過ぎたが、開発チームは解散していない。豊田はモリゾウとしてGRヤリスに乗りレースへの出場を続ける。ピットでは今でもつなぎ姿の齋藤がそわそわしている。齋藤のほかにも、不具合が出た場合の対応をするため、愛知県豊田市の本社に二十人のエンジニアらが待機する。開発はまだまだ続いている。

2 「いい車とは」走りながら問い続け

中継画面に、コース上で動きが止まったトヨタ自動車の小型スポーツカー「GRヤリス」が映し出されていた。二〇二一年三月下旬、「ツインリンクもてぎ」(栃木県茂木町)で開かれたスーパー耐久シリーズ初戦。トヨタの社長豊田章男(64)がオーナーであるレーシングチーム「ルーキーレーシング」のパドックがざわついた。

原因はエンジンだった。ピットインしたGRヤリスの周囲をメカニックが取り囲む。レース専門で実績を積んできたプロメカニックやエンジニアらに交じって、GRヤリスの開発責任者である齋藤尚彦(48)の姿もあった。

既に夕方になり、エンジンを丸ごと替えないと翌日の本選に出場できないことが分かった。一刻も早く作業を始めないといけないはずが、トヨタ側と、ルーキーが契約するプロのレースメカニックらが作業の手順で対立してしまっていた。

「こんなんじゃ、だめだろっ」。ドライバースーツ姿の豊田が輪の真ん中で声を張り上げた。

ドライバーは安全に整備された車を、高度な技術で制御しながら一秒でも速く走ろうとする。その土台となるメカニックらが一枚岩となれないことにカツを入れた。自らハンドルを握っているから、命懸けで車を鍛えようとするレーサーの思いが分かる。

ルーキーレーシングは、豊田が個人として設立し、チームオーナーを務めるプライベートなレー

ドライバーらと話す豊田章男（中）と齋藤尚彦（右）＝栃木県茂木町のツインリンクもてぎで

シングチーム。息子の大輔（33）もチームオーナー代行兼ドライバーとして参加する。GRヤリスをレースで使用し、そこで得たデータをトヨタ側に提供するなど、トヨタの車づくりに参加する業務委託契約を結んでいる。

レース場を生きたクルマ開発の場にしてカイゼンを続けるGRヤリスの取り組みについて、ルーキーレーシングで監督を務める片岡龍也（42）は「時代が変わるような、ものすごく新しいやり方」と力を込める。

前代未聞の活動なだけに、結成して三年目のチーム内で、小競り合いはしょっちゅう起きる。「勝ちたい」「いいクルマをつくりたい」。それぞれの立場からのせめぎ合いを、レース業界に長く身を置いてきた片岡は「勘とデジタルの戦い」と苦笑いする。

レースメカニックは、長年の経験に基づいた勘で動き、トヨタの技術者は合理的にデータを見て、解決しようとする。そのやりとりを齋藤は「本当に教えてほしいことばかり」と評し、ピットでメカニックの様子をつぶさに観察する。

齋藤はレクサスのLSを担当した頃を振り返る。試乗したモータージャーナリストが「なんでレクサスは、懐がないんだ」と言った。ピンとこなかった。

欧州車には「懐が深い」と評価されるものがある。理由を突き詰めると、欧州メーカーはSUV（スポーツタイプ多目的車）でもレーシング仕様での評価を行うなど、開発にレースでのノウハウを取り入れていた。独ダイムラーはレースに参加することで、メルセデス・ベンツの一部車種の性能アップを毎年目指していた。齋藤らは「なんて無駄なことやってるんだろうね」と感じていた。

レースに出ると車はタイヤもエンジンも限界に迫って走るため、どんどん新しい不具合が見つかる。うまくいって優勝したとしても、次ではライバルが巻き返しにくる。いいクルマとは何かの問いを抱えて、ずっと走り続けなければならない。

懐の深さとは、「車に対する真摯《しんし》な姿勢を持ち、開発を続けていくことなのではないか」と齋藤は思う。四年前に豊田が指示したレースからの市販車開発の狙いが、腹に落ちた。

3 限界まで走り　改良加速

壊れたエンジンを交換する作業が終わったのは午前一時すぎだった。トヨタ自動車の社長豊田章男（64）が、オーナーとして運営するプライベートのレーシングチーム「ルーキーレーシング」が参戦する二〇二一年のスーパー耐久シリーズの初戦、小型スポーツ車「ＧＲヤリス」のエンジンがストップし、メカニックらは夜を徹しての作業に追われた。

「開発現場はレース場」というＧＲヤリスの開発スピードは、すさまじい。トヨタのＧＲヤリス開発責任者である齋藤尚彦（48）は「昔は、車をつくって、役員に突き返されたら、一～二カ月でつくり直して持って行った。ＧＲヤリスはたった一日。このスピード感のものづくりは、トヨタではやったことがなかった」と語る。

レースの場合、その日の走行で不具合が出たら、翌日には直して出走しないといけない。数年かけて新型車を完成させ、次のモデルチェンジまで立ち止まる従来のトヨタ方式とは、逆転の発想が必要になる。それを実現させたのが、トヨタのマスタードライバーであり、レースに出場するモリゾウこと豊田の存在だ。

豊田は齋藤に「ＧＲヤリスが強くなって、他チームが欲しくなれば、世界が広がる」と語ったことがある。プライベートのレーシングチームとしてトヨタの車を鍛え、データをフィードバックして市販車の改良に反映させるという、レーシングチームとメーカーの新しい関係を示しながら、国内でモーータースポーツの活性化を目指したいとの思いが根底にある。

かつてない挑戦なだけに、昔からレース業界にいる人たちが当惑しているのも事実だ。プライベートのチームといいながら、ルーキーレーシングにはトヨタからエンジニアが入り、予算も他チームとは比べものにならないほど潤沢。関係者は「ずるい、という声も正直ある」と明かす。

ＧＲヤリスのみならずトヨタ車の新型車開発に携わるルーキーレーシングのレーサー佐々木雅弘（45）は、社長の豊田がオーナーであるプライベートチームだからこそ、今までと違ったいいクルマづくりができると強調する。「以前はエンジンの限界値を知らないまま、もっとパワーが欲しいなあと思って走っていた。今はトヨタとの連携があるので、エンジンを壊して限界を知ることができる。どこを鍛えるか明確となり、スピード感をもっていいクルマを目指せる」と言う。

レース場を疾走するルーキーレーシングのＧＲヤリス（手前）＝栃木県茂木町のツインリンクもてぎで

豊田はマスタードライバーの座を、師匠である成瀬弘（故人）から受け継いだ。トヨタに入社し、常務だった四十代半ばのころ、車の開発テストをとりまとめていた成瀬から「運転もできない素人に、つべこべ言われたくない」と言われたことがきっかけで生来の負けず嫌いに火がつき、成瀬に弟子入りした。

最も過酷なレースといわれるドイツのニュルブルクリンク二十四時間耐久レースにも参戦し、自身の技能を磨くとともに、車を鍛え続けてきた。今や、毎週のように全国各地のサーキットやラリー会場でハンドルを握る生活を続ける。

チームメートとして、運転技能のアドバイス役も務める佐々木は「モリゾウさんはプロに近いレベルまでどんどん上達している。技能が上がれば、より安全に走れる。危ないところを知って、社長も車に合わせて進化している」と驚きを隠さない。

ピットで見守る監督の片岡龍也（41）は「車好きが隠しても隠しきれないほど出ちゃってる。レースの世界にいる僕らから見ても、車好きの人がつくる車は、ただ、いいなあと思う」とほほ笑む。

ピッ、ピッ、ピー。スタートを告げるサイレン。豊田のGRヤリスがサーキットへ飛び出していった。「現場に近い社長でありたい」。就任以来、深く胸に刻むこの言葉通り、この週末も、レーシングスーツ姿の豊田がどこかで車と対話している。

4 言葉に表せない「これがトヨタ」

モータースポーツとクルマづくりについて語るトヨタ自動車の豊田章男社長＝栃木県茂木町のツインリンクもてぎで

週末のサーキット。スーパー耐久レースに出走した後のモリゾウ（トヨタ自動車の豊田章男社長のドライバー名）選手と、「ルーキーレーシング」のパドック内で向き合った。社長、マスタードライバー、モリゾウなど複数の顔を持つが、共通するのは車好きということ。未来に向けたトヨタの戦いを一年半にわたり追いかけてきた連載「トヨタウォーズ」の締めくくりに、車への熱い思いを語ってもらった。最後に、極秘プロジェクトの話題も…。

◇ルーキーレーシング

もともと僕はマスタードライバーでしょ。後任を育てよう、ということで、（レース界では有名な自動車部品製造）小倉クラッチ（群馬県桐生市）の小倉康宏社長のチームに、（ルーキーレーシングのチーフ・オヤジ・オフィサーとしてアドバイザー役を務める）北川文雄さんや息子の大輔を入れてもらって、レース体験をさせていたんですよ。それが二年前。当時、最終戦に行って、なんとなく最後、僕が出ちゃった。その翌年、小倉クラッチが創業八十周年ということで、恩返しみたいな感じで記念に新しいハチロクを用意したのが、ルーキーレーシングの始まり。

僕はずっと社長になってから「もっといいクルマづくり」と言っていたけど、モータースポーツを起点にしたらどうかとか、プライベートのチームをメーカー側はどう支援したらいいのかということが分かってないことに気付いた。メーカートップがプライベートのチームに入ったことで、ものすごく分かってきた。そうして、ＧＲヤリスの開発につながっていった。

不具合を直し、より強くした部品を希望する他のチームも買えるようにする。モータースポーツを安全に楽しむことができるということを見せるのがルーキーレーシングの役割だと思う。レースの世界では皆、日常茶飯事としてやってることに、トヨタのエンジニアが直接関わることで、よりよい車が生まれる。「白い巨塔」と呼んでますけど、（技術部は）よくやってくれています。

◇モータースポーツ

モータースポーツの業界には働き方など一律の基準がなく、不透明な部分がある。メカニック、エンジニア、レーサー（ドライバー）の給料の基準とか、現役期間が短いレーサーの第二の人生をどうするかとか。各チームがばらばらでやっていると、自分たちのノウハウだといって絶対データなんかシェアしないけど、ルーキーレーシングは外からも見えるようにしたい。

特にレーサーは、スポンサーが応援してあげているという感じで、モータースポーツという割には、アスリート扱いされていない。でも、レーサーはアスリートですよ。特殊な運転技能がある。だから、ルーキーレーシングの活動を通して役割も明確にし、もっと世間にアスリートとして見てもらえるようにしたい。

◇飽きられぬように

GRヤリスは一品料理で、カツカレーみたいなもの。僕は社長になる前から（前マスタードライバーで師匠の）成瀬弘さんと「トヨタの味」を探してきた。ウイスキーをブレンドするサントリーのチーフブレンダーや、日清食品の味付けを決めるシーズニングマイスターといった専門家と味づくりについて語り合ったこともある。そこで、二十年前、僕と成瀬

【LFA】2010〜12年に発売した高級車ブランド「レクサス」のスポーツカー。限定500台生産し、価格は税込みで3750万円

さんがやったのは、秘伝のたれ作り。それが（スポーツカーの）ＬＦＡ。

味探しは終わりがない。カップヌードルは気候で味を変えているそうです。（車のような）中長期でビジネスする人は飽きられたら終わり。人間はすぐに飽きます。変えなくても終わり。でも絶対に変えてはいけないものもある。それが最後の秘伝のたれのところ。これってトヨタの車かな、と思うものってあると思うんですよ、言葉に表せなくても。トヨタだよねえ、これって、と。

スポーツカーをつくり上げるのには、伝統技術、技能が必要。トヨタの歴史をみると、（一九六七年の２０００ＧＴなどから始まって）二十年に一回のサイクルで発売してきた。伊勢神宮の式年遷宮みたいに。

もう一回現代に合わせた秘伝のたれを作るべきだと思う。そろそろ次のＬＦＡじゃないけどね。それはＬＦＡになるかどうか分かりませんよ。だけど次のＬＦＡをやるようなプロジェクトは進行中ですから。次の秘伝のたれ作りは始まっています。飽きられないようにしないと。

記者コラム 5 長田 弘己

トヨタウォーズの取材に携わった約2年間、モリゾウ選手（トヨタ自動車の豊田章男社長）を追いかけて、週末にモーターレースやラリーの会場に数え切れないほど足を運んだ。

行く先は全国津々浦々。予選のある土曜日の朝早く、パドックに顔を出すと、いつも既に現地入りしたモリゾウ選手が、レーシングスーツ姿でスタッフらと談笑していた。

当初は、パドックにも入れず、遠くから憧れのスターを盗み見る追っかけファンのような心境だったが、そのうち、顔見知りになったスタッフがパドックの中に招き入れてくれるようになった。終盤には、図々しくピットの中にまで入り込み、モリゾウ選手とスタッフらの熱いやり取りを見た。

最終章で実現したインタビューは、パドック内にいたところ、背中をトントンとされて振り返ると、モリゾウ選手が「ちょっと」と、出走後にくつろいでいたテント内に招き入れてくれ、コーヒーとお菓子を食べながら応じてくれたものだ。

レースは戦場だ。ピット内では怒号が飛ぶ。エンジニア同士が見解の違いでぶつかり合い、口を聞かない冷戦状態になっているのも見た。譲れないのは誰もが文字どおり命を賭けているからだ。

その緊張感の中にあって、チームは家庭的な雰囲気に溢れていた。スタッフの誕生日をケーキで祝ったり、他社所属のドライバーが手土産を持ってぶらりと訪れたり。コロナ禍でレース場の飲食店に営業制限がかかり、昼食の調達に困っていたら、カレーのまかないをそっと差し出してもらったこともある。

モリゾウ選手がいる限り、あの雰囲気は永遠だろう。また戻りたい、と思わせてくれる貴重な取材現場だった。

対談

トヨタ自動車社長
豊田章男×吉野彰
旭化成名誉フェロー・名城大教授

「車の未来」語り合う

「あんなにも未来のことを考えている人はいない」――。二〇一九年のノーベル化学賞を受賞した名城大教授・特別栄誉教授で旭化成名誉フェローの吉野彰さん(72)が、かねて「一番会ってみたい」と挙げていた人物がいる。トヨタ自動車の豊田章男社長(63)だ。

とよだ・あきお
トヨタ自動車社長。トヨタグループ創始者の豊田佐吉から4代目。開発車を最終チェックするマスタードライバーで、「モリゾウ」の名でレースにも出場する。好物はオムライスとギョーザ。最近はグリーンカレーにはまっている。大学生時代はホッケー日本代表に選ばれた。63歳。

吉野さんが発明したリチウムイオン電池は、ＩＴ革命を生みだし、世界を変えた。その電池は電気自動車（ＥＶ）にも搭載され、環境問題の切り札になることを期待される。自動車業界は電動車の普及や自動運転など最新技術の開発競争が進み、行く先が見えない変革の荒波に揺れる。

研究者として常に「未来を見通そうとしてきた」という吉野さんは、自動車会社から「モビリティカンパニー」への変革に取り組む豊田社長に並々ならぬ危機感と苦悩を、感じ取ってきたという。

二〇二〇年二月中旬。受賞後、仕事の依頼が殺到する吉野さんと、世界を飛び回る豊田社長が、トヨタの東京本社内の社長室で向き合った。

対談は当初の予定を大幅に超えた一時間半。話題は電池やモビリティ革命、日本の産業競争力などマクロな視点から、壁にぶつかり、乗り越えてきた若かりしころの個人的なエピソードまで広がった。

よしの・あきら
旭化成名誉フェロー、名城大教授。京都大時代には考古学研究会に所属し、遺跡の発掘や保存運動に熱中し、妻久美子さんとも出会う。今も歴史の本やテレビ番組を見るのが好き。週末には近所の人たちとテニスを楽しむ。名古屋めしでお気に入りは、手羽先。72歳。

「トヨタイムズ」 狙いは社内

——以前から吉野さんは、豊田社長に会いたいと話していた。

吉野 特にこの二年ぐらいかな、章男社長のいろいろなインタビューを聞いて、非常に危機感を持っておられるなとひしひし感じます。この一年は、トヨタの自社制作メディア「トヨタイムズ」で編集長に扮《ふん》する香川照之さんを見た時、ショックを受けました。

豊田 ショックですか。

吉野 一体、何なんだろうと。誰が何のためにやっているのかと驚き、関心もあった。章男社長がどなたかに何かを言いたいのだろうなと思いましてね。世界へのメッセージではなく、トヨタ全社員に向けたものじゃないかなと。

豊田 おー、ドンピシャです。最終手段、外の電波を使って社内メッセージです、ははは（笑）。本当の狙いは、何を言っても社内がなかなか理解してくれないんですよね。それで世間の理解度と社内の理解度とのギャップをより明らかにしようということで、トヨタイムズをやりだしたんですが、ますますギャップが開いて。ちょっと悲しい思いをしているんです最近。

吉野 はっはっは（笑）。業績の良い時にそういうことをやっておかないと、業績が悪くなったらできないですからね。正直これだけの危機感を持っておられることは非常にすばらしい、敬服します。

ただかたや、御社の中で日銭を苦労しながら稼いでいる方がいるわけですよね。そこのギャップは大変ですね。

豊田　大変です。

―研究者と経営者。それぞれの立場で考える日本の競争力。

豊田　日本が先行していたものがありましたが、今は遅れ始めている。完全に遅れないためには何をするべきでしょうか。

吉野　確かにテレビやスマートフォン、パソコンは衰退していっている。アセンブリー（組み立て）的な部分は、過去は世界一位だったかもしれないが、今はかなり抜かれた印象はある。かたや、スマホの中の基幹部品、基幹材料は結構強い。問題は川下だと思うんです。日本は米国のＧＡＦＡ（グーグル、アマゾン、フェイスブック、アップル）のような産業がない。

豊田　ないですね。

吉野　せっかく川上が強い時に、川下も両立したら強いと思う。日本も、Ｊ―ＧＡＦＡぐらいの会社があるといい。川上はこれからも優位さは保っていくと思うんですが、片足ですと次の商品開発の方向性も見えてこないでしょう。

―ここでマスタードライバーの肩書を持つ豊田社長が、気になっていた質問を。

豊田　車は好きですか。

吉野　ちっちゃな車のアクアを使わせていただいていますが、稼働率は1％もないぐらい。

豊田　そうですか、リチウムイオン電池だから、違う会社のじゃないかなとか思いましたが、ありがとうございます。アクアは、東日本大震災後の東北復興の旗印として、世界で唯一、東北の工場だけで造っています。

30代半ば　チャレンジの時

——変革期に必要なものは何か。後輩に「外を見なさい」と指導する吉野さんに対し、豊田社長は若手のベンチャー出向をはじめとする風土改革に着手。二人が重んじるのは「外の世界」。

吉野　研究者は外から自分を客観的に見ることが重要。どうしても、自分の研究は一番だと思い込むわけです。研究の失敗の大部分はその辺から来ます。第三者的な視点だと、本当に正しい方向か、別の道があるかが見えてくる。十年後の仮説を立て、世界がこうなるなら、今、自分は何をやらないといけないか。まさに好奇心です。

豊田　トヨタは仕事が細分化して、みんなパーツでしか見ていない。ゾウなら、足、鼻、耳、しっぽ。それぞれで全然、感覚が違う。成長の時代は良かったが、今はゾウ自体の体質変化を求められている。規模の小さい会社で全体を見れば、ゾウが見られるようになるのでは。これは会社の責任で、武者修行に行きなさいと言い始めました。

吉野 縦割り組織は良い面もありますが、結果的に効率が悪い。全体のことを考えていないんですよね。

――吉野さんは研究者が輝く年代を「三十代半ば」と言う。サラリーマン研究者として、企業の利益と自己実現を両立させる「第二の吉野」をいかに生み出していくか。

吉野 十五年後の自分を考えてこの道が正解だと思っても、上司に逆らったら損だというケースがあります。今日の損得勘定より、ロングレンジ（長期視点）の方が得です。（そのための原動力は）ある時期から私利私欲がなくなったことですね。

豊田 共感します。では、三十五歳ごろまでにどういう経験を積ませれば良いですか。

吉野 ノーベル賞受賞者がその研究を始めた平均年齢は二〇一九年時点で三六・八歳だと思います。入社して十年である程度、社会の仕組みが分かり、権限も出てくる。ここで一発チャレンジして失敗しても、もう一回、リカバーのチャンスがある。それまでにエネルギーをためなさいよと。勉強も、経験も。

豊田 （そのころ私は）業務改善支援室でした。この名前（豊田姓）で入社していますから、アンタッチャブル（触れることができない存在）にされていました。当時は父（章一郎氏）が社長で、変に近づけばおべっかを使った、いじめればおやじにチクるんじゃないかと。一番良いのは私とかかわりを持たない。そうなると、自分の存在感って一体なんなんだろうなと。生きている証しになるようなことをしたいと思っていたのが、三十～四十代にかけてだと思います。

吉野 私利私欲がなくなったのはリチウムイオン電池の研究を始めた三十二、三十三歳のころかもしれない。旭化成に入社して配属された子会社がある日突然、なくなりました。だいたい道が決まり「あの人についていけば良い」と思っていたが、いきなり、寒空に放り出され、たくましくなりました。

豊田 私が社長に就任した時はとんでもない赤字。それから（米国の）品質問題。社長は一年もたなかったと思いました。周りはお手並み拝見、早く退場を、というムードで。ところが、品質問題が起こったとき、初めて会社の役に立てるかもしれないなと思った。（米国の公聴会は）しんがり役であることへの喜びを感じました。自分は唯一の責任者だと。自分が責任を取れば、いろいろなことにチャレンジできると、その瞬間にシフトしました。

吉野 よく分かります。

豊田 解答がある決断が続く時代なら私よりも上手にやる人はたくさんいる。でも、解答がないが故に、責任者だと世間が認める私が決めれば、周囲はロングターム・コミットメント（長期的責任）と見てくれます。

吉野 ただ、トヨタほどの大組織を動かすのは大変ですよ。

豊田 大変です。かつての成功物語が多いので。それでも、ロングタームの軸はぶらしたくない。やっぱり新しいことは（なかなか）収益を生みません。でも、今、やればトヨタの十年後は間違いなく変わってきます。

踏み出した自動運転EV

―リチウムイオン電池を発明した吉野さんの受賞を後押ししたのは、電気自動車（EV）の台頭だった。

豊田　「ノーベル賞になりそうだ」というのはいつごろからですか。

吉野　初めてのノミネートは二〇〇〇年だと思います。モバイルITへの貢献が評価されましたが、それらの生産拠点の大半は中国、東アジア。欧州の人にはあまりインパクトがありませんでした。風向きが変わったのがEV。欧州でも電池産業が生まれる。いわゆる当事者意識というか。リチウムイオン電池が環境問題とリンクするというシナリオが出たことで、ひょっとしたらと思いました。

豊田　自動車は非常に裾野が広い産業で、それぞれが国家を背負っているところがあるんですよね。

―話題は電池をきっかけに、「CASE（ケース）」と総称される自動車業界の大変革に膨らむ。

豊田　実は先生の前で申し上げるのは、なんなんですが、EVにはちょっと後ろ向きだったんです。

吉野　ははは（笑）。

豊田　個人的にはガソリンが血に流れてますから（笑）。業界には新たな競争相手としてテクノロジーカンパニーなど、車の走る、止まる、曲がるをやってこなかったグループが入ってきます。どうしても、ＥＶはコモディティー（汎用品《はんよう》）になってしまう可能性があるなと。ＥＶでも味があるものにしたいというこだわりがあります。電池は寿命（耐久性）や充電時間の長さといった課題もあります。さらなるブレークスルー（進歩）はいつごろだとお考えですか。

吉野　電池の課題は三つ。エネルギー密度と値段、耐久性です。三つを同時にと言われると非常にきついが、どれか一つなら、それほど難しくはありません。今後いろいろな車の（利用）パターンが出てくると、要求特性はそれぞれで変わってくると思います。

イーパレットの前でプレゼンテーションする豊田章男社長＝東京都江東区の東京ビッグサイト青海展示棟で

豊田　当初、トヨタはＥＶ化で遅れているという評判でした。こういう使い方なら、ＥＶも良いんじゃないかという形が見つかったのが、「ｅ－Ｐａｌｅｔｔｅ（イーパレット＝箱型の多目的自動運転ＥＶ）」でした。「自動運転はもっと先」「それより先にＥＶ化」などと（別々に）言われていました。それらがＣＡＳＥという形で全部つながる。この二年、相当、投資をやりました。

吉野　そう、つながっていくんですよね。（不特定多数が多目的で使う）シェアリングになると稼働率が上がり、電池も含め、車の耐久性が重要な要素になります。

豊田（多様な移動サービスを提供する）ＭａａＳ（マース）業者から、トヨタのリアルな世界の耐久性に評価をいただき、声を掛けてもらっています。

吉野　やはりそうですよね。マースはこれから具体的な（サービスの）イメージが出てくるでしょうが、車を使った新しいビジネスの大きなチャンスがあると思います。

――車の大変革を読み解く鍵は何か。吉野さんはそれをＩＴ革命に重ね、豊田社長は危機感を率直に語る。

吉野　ＩＴ革命が始まってからずっと世界の変化を見ていますが、一番面白かったのはスマートフォンの登場です。そのスマホ向けに、（米ＩＴ大手）グーグルが「アンドロイド」というＯＳ（基本ソフト）を無償供与して、グローバルスタンダードになった。自分たちのビジネスに都合がいいようにソフトウエアを更新して、あれだけの利益を上げる会社になった。

豊田　そうですよね。今までの製造業のビジネスモデルに固執していては、あそこまでいけなかった。

吉野　グーグルは自動運転でもソフトの無償供与を宣言して、同じ戦略を考えている。おいしいビジネスモデルがマースだと思う。

豊田　車のリアルの部分で、グーグルはすぐに車を造れないと思うんです。そこでどこが選ばれるか。どんなソフトにも対応できるということが必要になってくる。ところがわれわれはやっぱりハードウエア（車造り）をずっとやってきた会社。それを急に、ソフトを上流に持ってきなさいと言ったところで、その流れを変えていくことに大変苦労をしています。抵抗にもあっています。

吉野　マースに車を最適化することが、製造業の使命になる。それはそれでやった上で、車を使ったビジネスもやる。一生懸命造った車を人に売るのはもったいない。むしろその車を使ってどうビジネスにつなげるか。

豊田　そうなると、（トヨタが開発中の）イーパレットのような車が、靴屋にもオフィスにも美容院にもなります。今は人が動いて、いろいろな物を調達しに行きましたが、これからはあまり人が動かず、物が動いてくる。そこにモビリティを使ってほしい。わが陣営も、そこで選ばれる会社になっていないと、完全に終わってしまう。感動を与える乗り物をつくらないと。

次の変革　25年ターゲット

――車社会の未来について語り合う二人。話題は、トヨタの新構想へ。

豊田　先生はそういう想像をいつも、たくましくされているんですか。

吉野　基本的に想像することが好きだと思います。自動車については、五年ほど前に出た、未来の車社会についてのリポートを読んで、その通りに世界が変わった時、じゃあ最後は電池はどうあるべきかというところに戻っていきますのでね。好奇心なんでしょうかね。

豊田　あー、なるほど。

吉野　リチウムイオン電池も、まさにＩＴ革命とともに成長してきました。ＩＴ革命がスタートしたのは一九九五年で、高密度集積回路（ＬＳＩ）や衛星利用測位システム（ＧＰＳ）の進歩が始まる時期です。そういうものは、要件が整った時に急に動きだす。

豊田　年初に私たちが（新技術の実証都市）「ウーブン・シティ」の構想を発表したのは、そういう理由もあります。ＣＡＳＥやマースも、互いにシンクロ（同調）し、つながりあっていないと、あまり便利なものではないですよね。

吉野　そうです。

豊田　われわれの自動運転の目的の一つが、安全安心です。どうすれば安全で、快適なモビリティがつくれるか考えるには、専用のインフラがないと難しい。そういう実証実験の場として計画しています。

吉野　コミュニティー的な車社会ができあがった時、車が人や物を動かさなければいけない。そこで大事な役目を果たすのが、自動運転車かなと。それでレストランに行くというのも一つですが、物を運ぶのも当然出てくる。そうなると、物流システムが根本的に変わって、ショッピングの概念もなくなってくる。

豊田　人が動かないことが、一番の変化点になるんじゃないでしょうか。

吉野　自動運転やＩｏＴ（モノのインターネット）は、本当の実用化の時期はだいたい二〇二五年ぐらいがターゲットになっています。ちょうど、ＩＴ革命が始まって三十年後です。何か、次の大きな変革があるんでしょうね。

対談後、握手を交わす昨年のノーベル化学賞受賞者の吉野彰さん（右）とトヨタ自動車の豊田章男社長

―対談が行われたのは二月十四日。偶然の巡りあわせに、二人の距離はさらに縮まった。

豊田　今日ですね、豊田佐吉（トヨタグループ創始者）の誕生日なんですよ。佐吉はずっと佐吉電池といって高性能な電池開発に社内で懸賞金をかけていた。ですから、今日は先生が佐吉に見えてしまいました。

吉野　ははは（笑）。

豊田　吉野先生の電池のお話とか、物事の考え方を聞いて、私は会ったことのない佐吉ひいおじいさんと話しているように感じました。ひいおじいさん扱いして大変申し訳ないですが。

吉野　ありがとうございます。

豊田　そんな気持ちで勉強させていただきました。ありがとうございました。

吉野　またぜひ今度は赤ちょうちんか何かで、メディア抜きでやりましょう。

（聞き手・長田弘己、蘆原千晶（社会部）　二〇二〇年二月二十六日、二十七日　中日新聞）

豊田章男社長 インタビュー 1

未来永劫、変わらない組織はない

新型コロナウイルスの影響で、国内の自動車大手が二〇二一年三月期の業績予想の発表を見送る中、唯一、あえて厳しいながらも黒字予想を発表したトヨタ自動車。感染予防のため、自宅から離れ愛知県内の自社研修施設で六十日間以上も、隔離生活を送っていた豊田章男社長（64）が、名古屋市内で中日新聞の単独インタビューに約三年ぶりに応じ、「未来永劫《えいごう》、変わらない組織はない」などと、自らの経営哲学や業績予想の数字の裏に隠れた思いなどについて語った。

トヨタは、リーマン・ショックの影響で四千六百十億円の営業赤字を計上した〇九年三月期より、

中日新聞のインタビューに答えるトヨタ自動車の豊田章男社長＝名古屋市中村区のトヨタ自動車名古屋オフィスで

二一年三月期は生産台数が落ち込むと分析しつつも、五千億円の営業黒字を予想する。長年の体質強化が貢献するためで「従業員三十七万人とその家族の努力」と述べた。

インタビューでは、就任して十一年がたち、「後継者」について口にすることが多くなった心境についても質問。「任期は自分で決めるものではない」とした上で、社長のたすきを渡す相手について「自分が考え付かなかったアイデアを進言してくる人」などと、初めて具体的な後継者像について触れた。

二〇年六月十一日に開いた株主総会では、株主からの質問に答える際に思わず涙を見せた豊田氏。その理由を「ありがとう、と言わせてくれるのが、ありがたいと思う」と、確実に経営体質を強化し続け、コロナ禍でも異なる業種への支援などに飛び回る社員への感謝の思いがあふれたことを明かした。

副社長廃止、「番頭」「おやじ」といった役割の創設、執行役員数の大幅削減など次々と打ち出す組織改革の狙い、世界から動向が注目される次世代技術の実証都市「ウーブン・シティ」の最新状況にも話は及んだ。

コロナ疎開生活

―新型コロナウイルス感染拡大による緊急事態宣言発令後、豊田氏は愛知県内にある自社研修施設にこもり、経営にあたった。

六十日くらい「疎開」していました。移動時間をコミュニケーションに振り替えられるようになって、仕事は進んでいるんですよ。年に一回会えたかどうかの人も（オンラインで）会える。気持ちの距離は近づいている気がします。

生活は合宿みたいでした。スーパーに行っても、マスクしてるから誰も気付かない。地元民から評価の高いスーパーは、実際に行ってみて分かった。精肉店の大将と話すだけで気付きもあった。ファストフード店では、セットメニューで「スープラ」のミニカーをもらった。

私の趣味は、動いてやることばかり。車の運転とか、どこか行くとか。「静」の趣味がないから、手っ取り早く、塗り絵とか毛筆とか、夢中でやって集中できた。

思いが強まったのは、やっぱり「人中心」だなと。先端技術・技能が出てきても、使い手である人間の幸せを量産できる要素は忘れちゃいけない。どれだけ便利になっても、人をど真ん中に置くことこそ、自動車をずっとやってきた会社の役割だと思います。

環境規制に加え、SDGs（国連の持続可能な開発目標）が出てきて思うのは、誰もが同じ地球に住んでいること。

そうなると、われわれはこの地域だけというより、プラネット、地球全体（を俯瞰《ふかん》して見る）「ホームプラネット」という考え方で、認められる会社になろうという気持ちが強まりました。

社員の行動変化

―新型コロナに関わる支援活動で、社員の行動の変化に気付いた。

医療器具を造っている人たちを、トヨタのノウハウでお手伝いしようと取り組んでいます。その一つ、かっぱを製造する船橋（名古屋市）では、医療用防護ガウンの生産が一日五百着から五千着になった。（多くの医療関係者などから）ありがとうと感謝され、うれしい、と言われました。

リーマン・ショックや東日本大震災の時、一に安全、二に地域復興、三が生産復旧と、大事にする順番を私が強調した。今は何も言わないのに、現場が動く。それがこの十数年の変化。

もともとトヨタは「現地現物」といい、物に、お客に、市場に一番近い人の意見を重要視する。それがいつの間にか企画部門や肩書のある人の意見を聞くようになったと感じている。だから私は「トヨタらしさを取り戻す」と言うのです。

私が何を最優先にするか、分かる人が増えてきた。私は、（全ての）アイデアがわき出るわけじゃなくて、現場に耳を傾けているんです。一番の発言者、一番の技術を知っている人、その行動をまねする上司が増えて、安心感が出てきた。

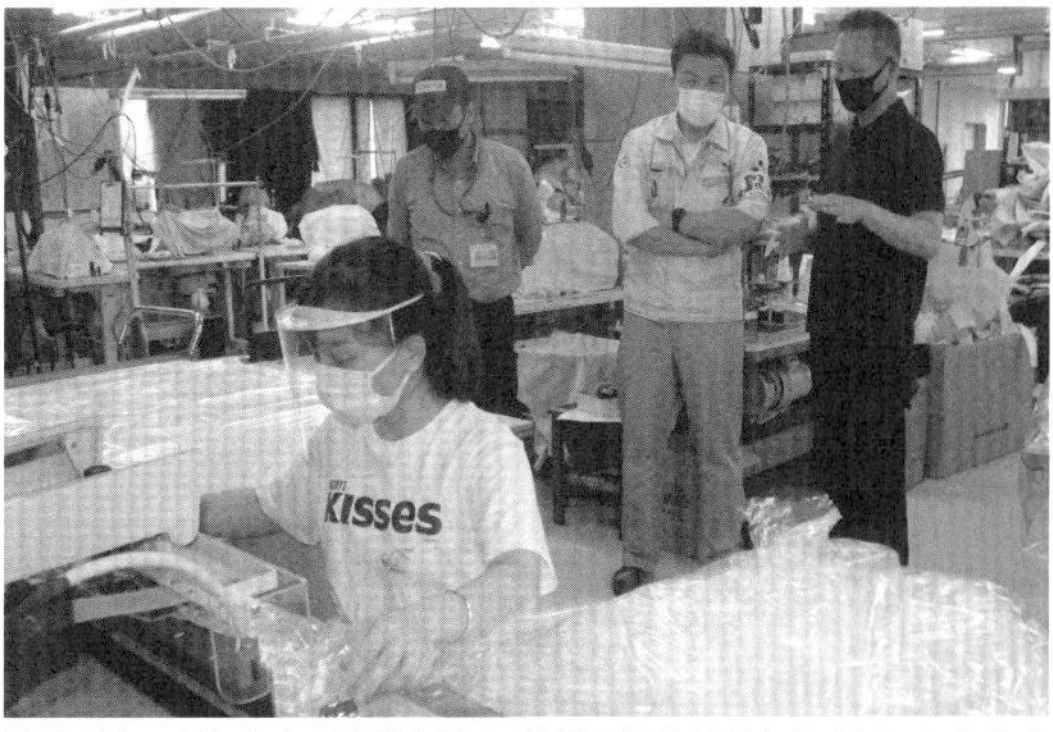

防護ガウンを生産する縫製会社で、社長の男性（右）とカイゼンの方法を話し合うトヨタ社員＝岐阜市の岡川縫製で

平穏な年はない

―かつて「数字は追わない」と語った豊田氏だが、二一年三月期は五千億円の営業黒字を見込み、

株主総会では涙も。

従業員三十七万人とその家族の努力のおかげです。私はリーマン・ショックで（赤字になり）、創業期を除いて初めて税金を納められなかった社長です。雇用をつくり利益を出して税金を納めるという、一番の社会貢献ができなかった悔しさがあった。ずっと我慢の連続でしたが、今こうなってみて、素直に皆（従業員など）に感謝しています。

あくまでも、やってきた結果が数字に出る。数字はうそをつかない。だが数字だけを追うと、うそをつくれる怖さがあった。だから、トップが数字だけで引っ張ると、間違えた方に行くんじゃないかと思っていた。数字を言わないで、メディアに散々けなされた時代もありましたが、それにもめげずにできた結果が今、税金を納められる会社として続いていると思う。

（社長就任後の）十一年間振り返ると、一度たりとも、平穏無事な年はなかった。新型コロナで、平穏無事じゃない年がもう一年来たというだけ。当時と今の違いは、私自身が一番落ち着いているということです。先が見えない、答えがない同じ状況でも落ち着いているのは、一緒にどうしようか考える仲間が増えてきたからじゃないですか。

変革のきっかけ

――トヨタは二〇年一月、自動運転技術などを結集した実証都市「ウーブン・シティ」を静岡県内で開発する計画を発表。新型コロナの影響は。

定期的に（担当者と）私とのミーティングがあります。社長がやりたいこと、仕掛け中のことなどをスケジュール化し、進行状況とともに相談をくれます。昨日まで言っていたことを覆しても良いと、やり直しをしながら動いている。そういう意味でコロナに関係なく、非常に順調です。ただ、私がトップダウンで関わっていると、勝ち馬に乗りたいという社員も増えてきます。今までの実績で言うと（今回も）何かしらの結果を出しますから。大企業でこういう人はいなくならないと思いますが、しっかりと進める部隊に最後までやり切ってもらいたい。

新しいモビリティ（移動）の将来の種まきという面もありますが、それよりもトヨタがベンチャーのように、形にとらわれずにぐいぐいやっているという感じで、変革のきっかけになってほしい。自動車業界だけじゃなく、仲間づくりも進んでいきます。

肩書よりも役割

―副社長や専務などの廃止に続き、七月一日付で執行役員を二十三人から九人に削減。組織改革を進める一方、執行役員の小林耕士氏（71）に「番頭」、河合満氏（72）に「おやじ」の役割を与えた。

番頭とおやじ。（聞いて）どう思いましたか？ グローバル大企業ですよ。私は社長を十一年やり、年齢も

「番頭」の小林耕士取締役・執行役員の名刺

「おやじ」と印刷された河合満執行役員の名刺

六十四歳。そうすると、私に意見する人は減ってきます。番頭とおやじは年も経験も上。それが社長と副社長ではだめ。自然な感覚で物を言える関係を大事にする気持ちの表れです。番頭とおやじは自分の鏡だと思います。二人には失礼かもしれませんが、自分がこうだから、そういう人が付いてきてくれている。（その関係性を）みんなが理解してくれると、面白い大企業になると思います。

（組織改革は）悩みながらやっています。決断しないと課題は出てきません。世の中が変わっている以上、未来永劫《えいごう》、変わらない組織というのはないと思う。私は肩書よりも役割を重要視したい。トヨタが大切にしているのは現場、お客さまに近いところ。そこで事件は起こっているわけです。肩書の高かった人が、肩書ではなく、役割を持ってそこに対処していく。

トヨタをゾウに例えると、以前は機能（ごとの権限）が強く、副社長レベルの肩書でも全体ではなく、脚や鼻を見ていた。私と一緒にゾウを動かす人は、肩書も取って相談相手として本当の経営をしていく。責任を取り、場を提供し、仕事に意義を持たせてあげることが経営です。経営とゾウの脚を見る専門家の役割を明確化したのが、執行役員削減の試みです。処遇のために肩書を持たないといけないということが大企業の弱みだった。これからは適材適所で役割に応じて処遇される。社員にはチャンスととらえてほしいです。

後継　折れない人

―最近、後継者について話すようになった。

社長のたすきを渡しづらいかと聞かれれば、渡したいですよ、今でも。結果的に十一年になっている話。任期は自分で決めるものではないとも思います。今は私にアイデアがあるから、「相談に来なさいよ」と言えている。それがなくなったときは（引き際を）考えます。でも、いきなりは来ないと思います。今も（部下が）アイデアは出してきますが、「そういうところまでは考えませんでした」って言う人が多い（笑）。だから、ノウハウを見せるようにしています。もう一つは（ほかの人の良い）アイデアを見て、悔しさを感じなかったら引き際です。

後継者のイメージは、自分が考え付かないアイデアを私に進言してきても、（素直に）「なるほどな」と思わせる人。何もかも反対してくる人でも、そう思える人ということです。こちらも、考えてやってきたことだから「変えてほしくない」ということがあるかもしれない。でも、それは傲慢《ごうまん》です。その時々に悩み抜いて決断するだけの話で、環境が変われば（決断も）変わります。その時に「自分にはできなかった」と納得できる人がふさわしい。私の決断はどちらかというとトヨタの保守本流とは違う方向で来ましたから。

社長のポジションが「うらやましい」と思っている人には絶対に引き継いでもらいたくない。逆に「私ですか？　社長、最後に決断を間違いましたね」と言えるぐらいの人。私は相当な負け嫌いです。自分に負けてたまるかと。でも、負け続けることもある。それでも、負けてたまるかという気持ちを、折れさせない人が良いと思います。

（二〇二〇年七月七日　中日新聞）

未来への挑戦

トヨタ自動車が未来への投資を加速させる。二〇二一年一月に自動運転ソフトウエア子会社を持ち株会社制の組織に移行させ、新規事業や自動運転開発などに効率的に取り組むことができる環境を整える。二〇年七月二十八日に組織改正を発表した豊田章男社長（64）が中日新聞などの取材に「これまで成功してきたビジネスモデルが未来において、成功の方程式かどうかは分からない。だからやってみる」と新組織設立に踏み切った背景やトヨタが描く未来について語った。

今回の「TRI－AD」（東京）の組織改正について「（ソフトウエアと同じく）自動車もアップデートしていかないと、安全なモビリティ（乗り物）はできない」と指摘。未来のものづくり産業が生き残るための鍵となるソフトウエア開発能力を強化する方針を鮮明に打ち出した。豊田氏は新設する事業会社が静岡県裾野市で計画する新技術の実証都市「ウーブン・シティ」事業などを念頭に「トヨタだけじゃ未来は作れない」と述べ、パートナー企業との協業を拡大していく意向も示した。事業には、トヨタとともに豊田氏自身が個人として出資したことも明かした。

車メーカーの常識破る

―ウーブン・シティの具体化に向け二一年一月、自動運転ソフトウエア開発子会社「トヨタ・リサーチ・インスティテュート・アドバンスト・デベロップメント（TRI―AD）」（東京）を組織変更する。

自動車会社として（電動化や自動運転などの新技術）「CASE（ケース）」にどう立ち向かっていくか迫られる中、二年半前にモビリティカンパニーになろうと宣言し、TRI―ADも生まれた。

トヨタの車は、耐久性、部品調達のしやすさ、修理しやすさの三つで評価されてきた。だから稼働率を重視する移動サービス（マース）事業者のようなテクノロジーカンパニーからも、一緒にやろうとお声がけを得られた。ただ、今はどんどんソフトウエアをアップデートしていく車、モビリティを造らないと、本当に安全な交通、安全なモビリティはできない。そういう流れの中でTRI―ADは先駆者として歩んできたし、その役割がここにきて急に大きくなってきた。

豊田章男社長(左)と新持ち株会社などのトップに就く予定のジェームス・カフナー氏

―新設する持ち株会社「ウーブン・プラネット・ホールディングス」にはトヨタの名前がない。

会社にトヨタという名前を付けるより、「この指とまれ」と言って多くの人がオープンに集まってくる世界の方が、本当にウーブン・シティが望んでいる、人中心で、かつ終わりがない実証実験の街が達成可能になる。

（英語で）ウーブン（織り込む）とは、自動運転をする上で必要な道を紡ぎ合わせるということ。プラネットは、地球単位で考えるということ。織物を編む自動織機を発明した豊田佐吉の流れを継承する。世界に広がる意味で、グローバルではなくプラネットを使った。

―ものづくり（ハード）に加え、ソフトウエアがますます重要になる。

車の価値として、ハードウエアで起きていた部分がソフトウエアにも関わってきている。トヨタは多くの車を量産する会社であり、良品廉価でないと多くの方の支持は得られない。ソフトウエアも手の内化しない限り、良品廉価な車は生まれない。加えて、車のことが分かるが故にカイゼン、アップグレードができる。誰かにお任せしていては、アップグレードも誰かに頼むことになる。

今回のコロナ禍で、トヨタは世の中の人たちから必要とされるマスク、フェースシールドを作るリアルな力があった。ソフトウエアも本気で、自分たちのいわばエンジンとしてカイゼンする道具にすることで、そこに価値が集まる。本気でソフトウエア・ファースト（第一）に取り組む姿を示さなければいけない。

トヨタは成功体験がある会社。だがＣＡＳＥの中では、今まで成功してきたやり方、ビジネスモデルが今後、未来において成功の方程式かというと、それは分からない。それなら自らやってみよう。

それが新しい会社のミッションになる。

「一代一業」 未来へ投資

―実証都市などの先行分野の持ち株会社「ウーブン・プラネット・ホールディングス」。その下に二つの事業会社がぶら下がる。二一年一月の設立に向け、豊田氏も私財を投じる。

　私はよく「創業家」と言われるが、創業者ではなく継承者だ。豊田佐吉から喜一郎に（代が）替わったとき、トヨタグループを大変革した。トヨタは自動織機から自動車に企業群全体をモデルチェンジ（変革）した経験がある。引き継いできた株式を未来に投資することも役目だと思った。

　米国などで新しいビジネスが生まれるときは必ず、意思を持った資本家がいる。企業経営は現在、短期視野になってしまった。トヨタには中長期目線に立って支えてくれた方がいた。自動車に事業を移した後、

トヨタ自動車が計画する実証都市「ウーブン・シティ」のイメージ＝同社提供

米国（の会社）と肩を並べることができたのは個人の資本家の役割があったから。

トヨタは個人ではなく、公的なものだ。第一に考えるのはお客さま、従業員、地域社会といったステークホルダー（利害関係者）の喜ぶ顔。（今回の出資は）資本家としての私と、公的なトヨタ自動車が、グループ全体の未来に投資をしたと理解してほしい。

—自動織機の佐吉、自動車の喜一郎…。豊田家にはそれぞれの代が新規事業を起こす「一代一業」の伝統がある。

生まれたときから「一代一業」と言われてきた。「人生のどこかで未来への橋渡しをしなければなりませんよ」と。実証都市などがトヨタ全体のモデルチェンジになるかというと、その時期はまだ先だ。未来をつくるグループを少し、ウーブンにシフトしたと考えてほしい。ファーストステップを始めたということ。新会社がトヨタというリアルな（ものづくりの）会社を覆すことはないし、私の代でするべきでもない。ただ、過去、現在に頑張ってきた資産や強みがあるときに、未来への投資をする。

未来への投資を加速させると話すトヨタ自動車の豊田章男社長＝東京都内で

―豊田氏の長男・大輔氏（32）は、自動運転ソフトウエア開発を手掛け、新持ち株会社の下に再組織されるTRI―ADでシニア・バイス・プレジデントとして組織を支える。

ど真ん中でやっているのは（最高経営責任者の）ジェームス・カフナーさん。それを支えている一人が息子。しがらみではなく、純粋に未来を考えられる会社にいることは（息子にとって）ラッキーだ。決裁を進める中で、右と言っていたことが左に変わることがある。親子だと「そうじゃなく、こっちだよ」と言いやすい。それが公共の会社であるトヨタと未来につながっていくのであれば、良い親子関係だと思う。

―豊田氏が描く十年後、その先の未来は。

トヨタだけでは未来はつくれない。ただ、「トヨタがいたからこそ進んだ」と言われる会社でありたい。十年後に確かなことは私の年齢が（今の六十四歳から）七十四歳になっていることだけだ。（未来は）分からないから、やって、クリエイト（創造）していこうということ。決断で十年後は変わる。幸せを量産できる会社として未来をつくっていく。

（二〇二〇年七月三十一日、八月一日　中日新聞）

あとがき

トヨタウォーズの連載は最終章まで計六十回以上、当初からシナリオなどなかった。というか、決めることができなかった。取材が始まった二〇一九年は、トヨタは自動車メーカーからモビリティカンパニーへの変革を加速させ始めたころで、毎週のように、他社との連携や事業の新展開などの話題が次から次へと出ていた。ニュース対応に追われ、正直、どんなストーリーを取材できるのかと先読みする余裕はなかった。

ただ当時、取材班の全員で誓い合ったのは、俯瞰《ふかん》した分析記事ではなく、現場で戦っている人の一時の人生を書き切ろうということだった。トヨタの財務諸表や世界販売台数などの数字ではなく、その数字を紡ぎ出している一人に迫りたいと考えた。

自動車業界はＣＡＳＥやＭａａＳといった新時代のビジネスへの対応に追われ、それこそ百年に一度の変革の波に揺られている。未来のことをあれこれ書くのは楽しいが、それでは豊田章男社長率いるトヨタの現場の肌感覚を描き切れないと思った。だったら、私たちができることは、新聞のように「今」にこだわって書くことだった。

トヨタだからといって、特別な取材手法はとっていない。事件や街ダネの話を書くのと同じように、ネタがありそうな現場にひたすら足を運び続けた。無駄なんか一つもない。一つ一つの取材先にとことん食い込み、先を考えずに、タイムリーに面白い話を優先してきたら、最終章まで辿り着いてしまった。

ある記者はトヨタの副社長と一緒に朝風呂につかった。真夏の炎天下や土砂降りのレース場で、モリゾウ選手（豊田章男社長のレーサー名）を一日中追いかけた。米国に飛び、次世代自動車開発のキーパーソンとなる現地の研究開発子会社のトップにインタビューを直談判し、急きょシリコンバレーの拠点に飛んだ。新型コロナウイルスの感染拡大の前には、豊田章男社長宅に毎朝押し掛け、全世界で約三十七万人を率いるトップの頭の中を少しでものぞかせてもらおうと考え続けた。記者たちは、徹底的に現場で取材相手に体当たりし、物語を描き切った。その熱量は、取材の相手側や読者にもきっと伝わっていたと思う。

ＴＰＳ（トヨタ生産方式）、ジャストインタイム、カンバン、大部屋。トヨタ自動車が創業からこれまで世の中に送り出した用語は、一冊の本になるくらいたくさんある。トヨタウォーズの取材に明け暮れた二〇一九年夏から二〇二一年春まで、百人以上の関係者をインタビューしてきた中で、私たち取材班が最もよく聞いた言葉は「危機感」と「当事者意識」だったと思う。

偶然にも、その二つの言葉を胸に秘め、トヨタが困難な局面を乗り越える姿を新型コロナウイルス禍で見せてもらっているただ中にある。医療防護服やマスクが足りなかったコロナ感染拡大の当初、中小企業とともに生産量拡大に取り組んだトヨタ社員がいた。コロナ封じ込めの切り札とされるワクチン接種の効率化にそれらの社員は今まさに奔走を続ける。

地域貢献活動に身を捧げる一方、本業でもコロナ禍の二〇二一年三月期連結決算では、当初予想の営業利益五千億円を大幅に上回る二兆一千九百七十七億円まで引き上げた。危機を早めに察知し、どんな問題にも当事者としてことに当たる。トヨタの底力はその蓄積にある。

コロナ禍で、トヨタは出張費や会議費などの固定費も抜本的に見直した。デジタル化を進め、オンライン会議を積極的に導入し、新しい時代の「現地現物」を実践しようとしている。連載を通じて感じたのは、トヨタはトヨタと戦っているということだ。そして、その戦いは決して終わることはないと確信している。

最後に、取材にご協力いただいた皆さまに、この場を借りて厚く御礼申し上げたい。連載が始まる前から相談に乗っていただいた藤井英樹氏、酒井良氏、取材窓口として尽力いただいた松原秀明氏をはじめとするトヨタ広報部の方々にはしつこいお願いにも柔軟に応じていただいたことを深く感謝したい。

二〇二一年九月　　　中日新聞トヨタウォーズ取材班キャップ　長田弘己

《執筆者一覧》

長田弘己、曽布川剛（現社会部）、鈴木龍司（同上）
杉藤貴浩（現ニューヨーク支局）、安藤孝憲

トヨタウォーズ

2021年10月 4日　初版第１刷　発行
2021年10月20日　初版第２刷　発行

編　　　著　中日新聞社経済部
発　行　者　勝見啓吾
発　行　所　中日新聞社
〒460-8511　名古屋市中区三の丸一丁目6番1号
電　話　052-201-8811（大代表）
052-221-1714（出版部直通）
郵便振替　00890-0-10
ホームページ　https://www.chunichi.co.jp/corporate/nbook

ブックデザイン　クロックワークヴィレッジ
印　　　刷　図書印刷株式会社

ISBN978-4-8062-0786-3 C0034